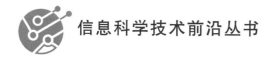

信息科学技术前沿丛书

基于程序分析的软件测试与错误定位技术

易秋萍　编著

U0282542

北京邮电大学出版社
www. buptpress.com

内 容 简 介

如今,软件在人们的社会生活中占据越来越重要的地位,软件的正确性也受到人们越来越多的重视。软件测试是保证软件正确性以及安全性的重要手段,它的主要任务是发现软件设计缺陷,进而要求开发人员分析、定位错误并修复缺陷。

本书共 9 章,其主要内容包括程序分析技术、符号执行技术、软件测试与错误定位技术、基于执行路径的最弱前置条件计算、基于后缀路径摘要的符号执行加速、基于反馈驱动的增量符号执行、级联式错误定位方法、演化软件错误定位方法和符号执行指导的并行程序分析。

本书是程序分析领域的专业书籍,可供软件测试、程序分析与验证领域的学生及研究人员学习和参考。

图书在版编目(CIP)数据

基于程序分析的软件测试与错误定位技术 / 易秋萍编著. -- 北京:北京邮电大学出版社,2023.8
ISBN 978-7-5635-6985-4

Ⅰ. ①基… Ⅱ. ①易… Ⅲ. ①软件—测试—错误校验—定位 Ⅳ. ①TP311.55

中国国家版本馆 CIP 数据核字(2023)第 147596 号

策划编辑:姚 顺 刘纳新　责任编辑:刘春棠　责任校对:张会良　封面设计:七星博纳

出版发行:北京邮电大学出版社
社　　址:北京市海淀区西土城路 10 号
邮政编码:100876
发 行 部:电话:010-62282185　传真:010-62283578
E-mail:publish@bupt.edu.cn
经　　销:各地新华书店
印　　刷:北京虎彩文化传播有限公司
开　　本:787 mm×1 092 mm　1/16
印　　张:12.25
字　　数:229 千字
版　　次:2023 年 8 月第 1 版
印　　次:2023 年 8 月第 1 次印刷

ISBN 978-7-5635-6985-4　　　　　　　　　　　　　　　　定　价:49.00 元

前　　言

　　软件广泛影响着人们生活的各个方面。计算机技术与各个领域的结合大大促进了这些领域的发展，而这些领域的发展也进一步加快了计算机技术的发展。随着人们对软件依赖程度的提高，人们期望日常使用的各类软件都是安全而可靠的。然而不幸的是，软件与程序的测试技术长期落后于软件开发技术。越来越多的程序种类、越来越大的代码规模以及越来越复杂的内部逻辑都使软件测试及维护变成了一项庞大的工程。据统计，软件测试及维护的成本占软件开发成本的 $50\% \sim 75\%$。软件测试是保证软件安全的重要手段，它的主要任务是发现软件设计缺陷，进而要求开发人员分析、定位错误并修复缺陷。

　　早期，软件测试主要由人工完成，测试人员通过对软件功能的理解构建测试输入与期望输出。后来，自动化软件测试技术出现并不断发展。随着计算机计算能力的提高以及约束求解等技术的不断发展，基于符号执行技术的测试用例自动构造方法得到了广泛的重视和应用。在测试阶段发现软件实现错误后，开发人员需要分析其产生错误的原因，进而修复该错误。但若修复方法不正确，则不但无法修复已发现的错误，相反还会带来其他缺陷甚至灾难。

　　自 2008 年以来，作者一直致力于程序分析测试以及验证方法和工具的研发，并在相关领域发表多篇 CCF A 类顶级会议/期刊论文，包括 FSE、ICSE、TSE 等。本书主要介绍作者从事程序分析技术研究以来，所提出的几种基于程序分析技术的软件分析测试以及错误定位方法。本书共 9 章。第 1 章概述程序分析技术，包括程序分析中常用的控制流分析以及数据流分析等。第 2 章介绍符号执行技术的基本思想以及原理，并分析讨论符号执行技术在发展过程中遇到的主要困难与挑战以及常见的符号执行工具，为后续章节的介绍做铺垫。第 3 章介绍软件测试与错误定位技术的研究背景，并概述经典的用于软件测试与错误定位分析的程序分析技术。第 4 章介绍基于执行路径的最弱前置条件计算框架，该框架是第 5 章、第 7 章以及第 8 章所述技术均使用的基本分析框架。第 5 章介绍一种有效的符号执行加速方法，该方法形式化描述执行路径间共享的公共路径后缀，并通过避免它们的重复分析以有效缓解符号执行的路径爆炸问题。第 6 章介绍一种基于执行信息反馈驱动的增量符号执行技术，该方法总结已探索路径的行为，并保证在探索所有增量行为的前提下，在测试用例生成过程中裁剪与之前已探索路径覆盖相同增量行为的其余路径。第 7 章介绍一种级联式半自动化错误定位分析方法，它能系统化地产生导致错误发生的所有潜在原因，以帮助调试人员标识及理解真正的错误原因。所有错误原因被组织到一个树形结构中，便于调试人员分析理解错误与原因之间的因果关系。第 8 章介绍一种基于第 7 章所述方法的自动化演化软件错误定位方法，该方法是结合动态分析及语义分析的协同分析方法。它在标识引起错误发生的代码修改块集合的同时，产生有效信息解释所标识的代码修改块导致错误发生的原因。第 9 章介绍一种有效的并行程序验证方法 MPC，它是一种无状态模型检查技术。该方法同时分析程序的输入空间及线程调度空间，有效地减少在输入和调度空间之间存在的冗余分析。

限于作者水平，书中难免存在不足之处，敬请读者批评指正。

目　　录

第1章

程序分析技术

1.1 程序的正确性及其分析

软件正在改变我们的生活和工作方式。在生活中,我们通过智能手机上的社交软件来与朋友交流,通过网站购买所需要的东西,通过网络了解世界。在工作中,软件帮助我们组织业务、接触客户,帮助我们从众多竞争对手中脱颖而出。

然而,生产高质量的软件仍然面临着巨大的挑战,因此目前我们所使用的很多软件都依然存在各种类型的软件缺陷以及安全漏洞,如丰田汽车无法控制的加速问题、个人信息被剑桥分析公司从 Facebook 窃取的问题、Nest 智能恒温器出现故障致使许多家庭没有暖气的问题。仅仅是软件竞争这一种类型的软件缺陷在 2003 年就导致了一场大规模停电,并影响了美国的 8 个州和加拿大共 50 万人的生活。辐射治疗机器 Therac-25 中的软件缺陷使该机器设定了致命的剂量,在多次医疗事故中导致患者死亡或严重辐射灼伤。事后的调查发现整个软件系统没有经过严格的测试,而最初所做的 Therac-25 分析报告中有关系统安全的分析只考虑了系统硬件,没有把计算机故障包括软件故障所造成的隐患考虑在内。

如何保证程序的正确性是软件工程中的一个重要问题,也是一个一直都没有得到解决的问题。在软件的生产过程中,软件工程师是设计者,程序源代码是对软件设计的最精确的描述,可在机器上执行的二进制程序是最终的产品。从源代码的设计到可执行代码的建造过程是由编译器完成的。也就是说,软件从设计到产品的建造过程被自动化了。软件工程师只需要完成产品的设计,最终的产品就可以被自动建造出来。这样的自动化过程尤其需要检验设计的正确性,以尽早发现可能存在的问题,减少重复劳动。

程序的源代码描述的是对内存状态的操作。一个输入状态经过程序处理后得到相应的输出状态。程序正确性则通过对程序运行过程中或者最终内存状态的描述来确定。对内存状态的正确性描述包括一些通用的规则,例如,被解引用的指针不能为空指针(NULL),除数不能为 0,等。非通用的正确性描述通常只适用于某个具体程序,需由人工显式地给出,例如,使用不同的性质描述语言。

在通常情况下,可以使用断言(assert 语句)来描述某一个程序点状态应满足的条件,这对程序员来说是非常方便的。尽管对程序在某个执行点处要满足的全部正确性条件进行描述是困难的,但是程序员在编写程序的时候,很容易知道程序要满足的部分正确性条件。某些条件是程序员假设默认成立的,但是这些条件往往不会在所有情况下都成立。这时如果程序员能够用断言将这些正确性条件添加到程序中,则对程序的正确性分析有较大的帮助。

在程序的执行过程中,程序在每个执行点的状态都是具体可知的。这时对断言或者其他正确性条件的检查就只需要读取并检查程序的内存状态是否满足相应的描述。这也正是现在应用广泛的软件动态测试方法的主要思想。基于动态执行的软件测试一次只能检查在一种输入下的正确性,而程序的输入通常是无穷多的,难以穷举所有可能的程序输入进行测试,从而很难保证程序的正确性。

程序分析是通过分析软件来了解其特性的有效技术。它可以发现上面提到的错误或者安全漏洞,还可以为软件合成测试用例,甚至可以自动给软件打补丁。例如,Facebook 使用 Getafix 工具为其他工具发现的漏洞自动生成补丁。另外,程序分析还可以用于编译优化阶段,以生成更高效的程序目标代码。

1.2 控制流分析

控制流分析的目的是根据程序中的跳转语句构造一个表达程序结构的控制流图,是数据流分析以及后端优化的基础。数据流分析可以在控制流图的基础上通过迭代分析得到人们感兴趣的数据流结果,如活性变量分析及可达定义分析等。

1.2.1 控制流图

程序分析工具通常将代码表示为控制流图(Control Flow Graph,CFG)。控制流图是一个基于图形的程序控制流程的表示。它将简单的指令连接起来,静态捕获程序所有可能的执行路径,并定义程序中指令的执行顺序。当控制流依据不同的程序取值流向不同的方向时,相应地控制流图也有不同的分支。一个典型的例子是 if 语句或 while 语句的表示。在 if 指令的每个分支的指令集合后,合并不同分支并指向 if 分支结构后的指令。

控制流分析都是基于控制流图展开的。控制流图主要用于静态分析和编译应用程序,因为它可以准确地表示程序单元内部的控制以及数据流向。

程序中最简单的控制流单元是一个基本块——最大长度的无分支代码序列。它以带标签的操作开始,以分支、跳转或断言操作结束。基本块是一个操作序列,它们总是一起执行,除非某个操作引发异常。基本块只有一个入口和一个出口。入口是基本块的第一条语句,出口是基本块的最后一条语句。基本块的执行从其入口进入,从出口退出。

控制流图模拟程序中基本块之间的控制流。它是一个有向图,$G = (N,E)$。每个节点 $n \in N$ 对应一个基本块。每条边 $e = (n_i, n_j) \in E$ 对应可能从块 n_i 到块 n_j 的控制转移。控制流图包括每个基本块对应的节点,以及表示每个可能的基本块之间的控制转移的边。可以假设每个控制流图都有唯一的入口节点 entry 和唯一的出口节点 exit。对于一个程序的控制流图,entry 对应该程序的入口点。如果程序有多个入口,编译器可以插入一个唯一的 entry,并添加从 entry 到每个实际入口点的边。类似地,exit 对应程序的出口节点。而多个出口比多个入口更常见,编译器也可以很容易地添加一个唯一的 exit,并添加从每个实际出口到 exit 的边。为了表达的统一,可以为控制流图显式地添加一个入口节点 entry 和出口节点 exit。图 1-1(b) 为图 1-1(a) 中示例程序对应的控制流图。

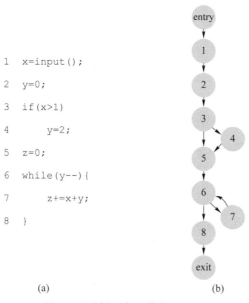

```
1   x=input();

2   y=0;

3   if(x>1)

4       y=2;

5   z=0;

6   while(y--){

7       z+=x+y;

8   }
```

(a)   (b)

图 1-1　示例程序及其控制流图

对于流敏感分析,特别是数据流分析,语句顺序很重要,因此将程序看作控制流图会更方便。控制流图是程序代码的不同表示方式。这种程序的表示方法可以追溯到优化编译器的第一个程序分析器[1]。

1.2.2　程序依赖图

在控制流图中,如果每条从节点 entry 到节点 n 的路径都经过节点 d,则称节点 d 支配(dominate)节点 n,通常记为"d dom n"。因此,每个节点都支配它自己。支配树的根节点是控制流图的入口节点 entry,而每个节点 n 的父节点是它的直接支配节点,即任何路径上离 n 最近的支配节点。每个节点的直接支配节点是唯一的。

类似地,如果从节点 n 开始到节点 exit 的所有路径都经过节点 p,则称节点 p 后支配(post-dominate)节点 n,通常记为"p pdom n"。每个节点都后支配它自己。后支配树的根节点是控制流图的出口节点 exit,而每个节点 n 的父节点是它的直接后支配节点,即任何路径上 n 的第一个后支配节点。每个节点的直接后支配节点也是唯一的。

在顺序程序中,程序语句之间的依赖关系主要包括由控制条件和函数调用引起的控制依赖和由访问变量及参数传递引起的数据依赖。

(1)控制依赖:在控制流图中,如果存在一条从节点 n 到节点 m 的路径 p,路径 p 上除 m 与 n 之外的其他节点 x 由 m 后支配,且 n 不由 m 后支配,则称节点 m 控制依赖节点 n。

(2)数据依赖:在控制流图中,如果变量 v 在节点 n 被定义,在节点 m 处被使用,且存在一条从节点 n 到 m 的路径,变量 v 在此路径上除节点 n 外未被重新定义,则称节点 m 数据依赖节点 n。

图 1-2 描述了一个控制流图和对应的支配树及后支配树。节点 4 支配节点 5,因为从节点 1 到节点 5 的所有路径都必须经过节点 4;节点 7 后支配节点 4,因为从节点 4 到节点 9 的所有路径都必须经过节点 7。此外,节点 6 控制依赖节点 4,但是节点 7 并不控制依赖节点 4。

给定的程序语句 m 和语句 n 可能通过控制流或者数据流而联系在一起。控制流图主要用来描述一个程序中的控制流,如果在控制流中添加所有的控制依赖和数据依赖关系,则构成相应的程序依赖图(Program Dependence Graph,PDG)。

程序依赖图是一个有向图 $G = (N, E)$,其中 N 为程序语句对应的节点集合,E 为边集合。边集合表示程序中基本的控制依赖关系和数据依赖关系。程序依赖图只能用于描述单一函数的依赖信息。为了表达由多函数组成的实际程序中的依赖关系,需将程序依赖图进一步扩展为可以描述复杂程序(由多个函数构成)的系统依赖图。

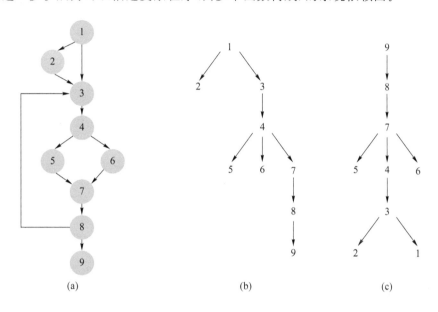

图 1-2　控制流图及其支配树与后支配树

1.2.3　系统依赖图

系统依赖图(System Dependence Graph,SDG)是程序依赖图的扩展,用来描述多个函数相互作用而构建的复杂程序的依赖关系。它是在每个函数的程序依赖图上增加一些额外的点和边将整个系统整合在一起而来的。系统依赖图是多个程序间的数据流和控制流信息的有效表达方式,是精确过程间分析的基础。

在程序依赖图上,系统依赖图增加了 5 类新的节点。

(1) 函数调用节点:描述被调用函数的信息。

(2) actual-in 节点:有与调用点相关的控制依赖,将实参的值传入一个临时单元中。

(3) actual-out 节点:有与调用点相关的控制依赖,将临时单元的值返回给实参。

(4) formal-in 节点:有与被调函数入口相关的控制依赖,将临时单元的值复制给形参。

(5) formal-out 节点:有与被调函数入口相关的控制依赖,将形参的值返回给临时单元。

每个调用点在系统依赖图中都有对应的函数调用节点、actual-in 节点和 actual-out

节点。每个程序依赖图都有一个 entry 节点、formal-in 节点和 formal-out 节点。actual-in 节点和 actual-out 节点控制依赖函数调用点,formal-in 节点和 formal-out 节点控制依赖 entry 节点。

系统依赖图中增加了 3 类新的边。

(1) 从调用点指向被调函数入口节点的边:一种新的控制依赖边。

(2) parameter-in 边:actual-in 节点指向 formal-in 节点的边。

(3) parameter-out 边:formal-out 节点指向 actual-out 节点的边。

parameter-in 边和 parameter-out 边是新的数据依赖边。

1.3 数据流分析

数据流分析是一种编译时使用的技术,它能从程序代码中收集程序的语义信息,并通过代数的方法在编译时确定变量的定义和使用。数据流分析不必实际运行程序就能够发现程序运行时的行为,进而可以帮助用户理解程序。数据流分析被用于解决编译优化、程序验证、调试、测试、并行、向量化等问题。数据流分析的目的是解释程序如何操作数据信息,其应用范围非常广泛。

数据流分析的计算非常复杂,尤其是过程间的数据流分析,因为过程间的调用关系比较复杂,使得静态的数据流分析更为困难。然而在所有的程序点计算完整的数据流信息并不总是必要的。

1.3.1 数据流分析概述

经典的数据流分析从控制流图和具有有限高度的完整格开始。格描述了我们希望推断出的不同控制流图节点的抽象信息。数据流分析在控制流图中的每个程序点计算一些数据流信息(假设用 σ 来表示)。在通常情况下,σ 用于描述程序中每个变量的一些信息。例如,σ 可以将变量映射到某个集合 L 中的抽象值,其中 L 表示在分析中感兴趣的一组抽象值,它在不同的分析中通常不尽相同。例如,对于零分析(zero analysis),它跟踪每个变量看是否每个变量在每个程序点上都为零或不为零。对于零分析,我们可以定义 L 为集合 $\{Z, N, T\}$。其中,抽象值 Z 表示值 0,N 表示所有的非零值,T 表示所有不精确分析带来的不确定情况。

从概念上讲,每个抽象值代表一组可能包含一个或多个程序执行时产生的具体值的集合。而每个具体值也可以通过定义的抽象函数 α 映射到抽象值。对于零分析,它将 α 定义为把 0 映射到 Z,把其他整数映射到 N。任何程序分析的核心都是分析程序中的每条指令,以及每条指令如何影响每个程序点的分析状态 σ。数据流分析使用流函数(flow function)来定义:流函数将程序点上紧跟在指令之前(后)的数据流信息映射到指令之后(前)的数据流信息。具体来说,流函数需要表示指令的语义,用分析中产生的抽象值来表达。在讨论数据流分析的正确性时,我们将精确地将语义与流函数联系起来。

数据流分析是一种用来获取相关数据沿着程序执行路径流动的信息分析技术,主要研究数据流如何在控制流图上运行。进行数据流分析最简单的形式就是先对控制流图的某个节点建立数据流方程,然后通过迭代计算反复求解,直至到达不动点。

从分析的精度来分类,数据流分析可以分为流敏感/流不敏感的分析、路径敏感/路径不敏感的分析以及上下文敏感/上下文不敏感的分析。流敏感的分析给出一个函数的控制流图上每一点对应的信息。流不敏感的分析一般给出的是一个函数整体的数据流信息,如一个函数有可能修改哪些变量。路径敏感的分析可能会对函数控制流图上的每个点给出多个信息。沿着不同的路径到达同一个程序点很可能会产生不同的状态信息,路径敏感的分析保留这些不同的信息。而路径不敏感的分析在控制流汇聚的程序点处会将不同分支传进来的状态汇聚成一个状态。上下文敏感的分析是指在过程间分析时,需要考虑函数调用的上下文信息。具体来说,每个函数可能会被多个函数所调用。因此,在不同的函数调用中,调用函数传递给被调用函数的实际参数或全局变量的值可能会不同。与之相反的是,上下文不敏感的分析不需要考虑这些信息的不同。

在传统的编译优化领域,人们主要关心流敏感和流不敏感的数据流分析。在编译时进行的分析需要很快地完成,而路径敏感的分析由于代价比较高,因此基本不会被使用。另外,由于编译优化需要的信息是保守的,也就是在任何情况下都要成立的信息,而路径敏感的信息不具有这一特点,故不被使用。然而在以错误检测为目标的程序分析中,需要的是精确的信息,路径敏感的分析就变得非常适合。

数据流分析的典型应用包括可达定义分析(reaching definition analysis)、活性变量分析(live variables analysis)、常量传播分析(constant propagation analysis)、可用表达式分析(available expressions analysis)。本书将以可达定义分析与活性变量分析为例,介绍两种常见的数据流分析方法。

1.3.2 可达定义分析

对于每个变量的使用,可达定义分析确定哪些对该变量的赋值可能被使用。如果在程序中点 p 到点 q 构成一条路径,在点 p 处的定义 d 在这条路径中不会被重定义,则称定义 d 从点 p 到点 q 是可达的。可以用可达定义分析检测可能存在的使用未定义变量的情况。

对于图 1-3(a)中的程序片段,图 1-3(b)描述了每行处的可达定义集合,其中 v_i 表示在行 i 处对变量 v 的定义。需要注意的是,虽然第 4 行在第 3 行之后,但是第 3 行处的可达定义包括 z_4,因为 z_4 可以经过路径 4-5-6 到达第 3 行。

```
1  y:=x+1;
2  z:=5;
3  if (y=0) goto 7
4  z:=z*y;
5  y:=y-1;
6  goto 3;
7  y:=2;
```

行号	可达定义
0	$\emptyset$
1	$\{y_1\}$
2	$\{y_1, z_2\}$
3	$\{y_1, y_5, z_2, z_4\}$
4	$\{y_1, y_5, z_4\}$
5	$\{y_5, z_4\}$
6	$\{y_5, z_4\}$
7	$\{y_7, z_2, z_4\}$

(a)　　　　　　　　(b)

图 1-3　示例程序及其可达定义分析

可达定义分析可以用作常量传播、零分析等分析的一个简单但不那么精确的分析版本。这时,我们不跟踪实际的常量值,而是查看可达定义,并检查它是不是一个常量。我们也可以使用可达定义分析来标识未定义变量的使用,即检查程序中有没有任何定义可到达的使用。

1.3.3 活性变量分析

在每个程序点,活性变量分析分析哪些变量在被重新定义前可以被再次使用。如果变量 v 在点 p 处存活,意味着从点 p 到程序结束,v 可能会被用到。反之,如果 v 在点 p 处不存活,表示从点 p 到程序结束,v 一定不会被用到。

对于图 1-4(a)中的程序片段,第 1 指令之后,变量 y 是存活的,但变量 x 和 z 不是存活的。活性变量分析通常需要知道哪些变量保存着程序计算的主要结果。在图 1-4(a) 所示的程序中,假设 z 是程序的结果。在程序的最后,只有 z 是存活的。活性变量分析最初是为了编译优化而提出来的。如果一个变量在定义后不是存活的,那么我们可以安全地删除该定义指令。例如,假设我们只关注 z 中的程序结果,那么图 1-4(a)所示代码中的第 7 条指令可以被优化掉。

```
1    y:=x+1;

2    z:=5;

3    if (y=0) goto 7

4    z:=z*y;

5    y:=y-1;

6    goto 3;

7    y:=2;
```

(a)

行号	活性变量
1	$\{y, z\}$
2	$\{z, y\}$
3	$\{z, y\}$
4	$\{z, y\}$
5	$\{z, y\}$
6	$\{z, y\}$
7	$\{z\}$

(b)

图 1-4　示例程序及其活性变量分析

当然,我们必须小心语句的副作用。将一个不再存活的变量赋值为空值可能会产生一个有益的副作用,即允许垃圾收集器收集不再可达的内存(除非垃圾回收器本身考虑哪些变量是存活的)。从软件工程的角度来看,即使不可达的内存分配不能被安全地优化掉,有时候警告用户赋值没有效果依然是很有用的。

不同于可达定义分析的前向传播分析,活性变量分析使用逆向传播进行分析。假设从后往前搜索,只要在某程序点处找到一个变量 v 的使用,就证明在此之前任意可达此点、定义了 v 的程序点处,v 都是存活的;而如果使用前向传播的算法,每到一个程序点都要正向搜索一遍后方路径,才能确认变量在此处是否存活,虽然可以分析,但效率较低。图 1-4(b)描述了假设变量 z 保存程序结果时,每行的活性变量集合。

本 章 小 结

本章概括描述了程序的正确性及其分析、控制流分析、数据流分析,为接下来设计并实现能够发现错误以及验证软件属性的分析工具做准备。程序分析需要扎实的数学基础知识,它在实际应用中非常有用。

第 2 章

符号执行技术

2.1　符号执行概述

符号执行是 20 世纪 70 年代提出的一种程序分析技术。随着近 10 年来计算能力的提高以及约束求解等相关技术的发展,符号执行技术受到程序分析与软件安全相关研究人员的广泛关注。目前,该技术已被成功应用到很多实际的程序开发工具中。

符号执行是一种抽象执行程序的分析方法,它可以通过分析程序得到执行特定区域代码的输入,从而测试软件是否会违反某些特定的属性。常见的属性包括除零错误、空指针解引用、数组越界等。具体来说,符号执行采用抽象的符号代替精确值作为程序输入变量,从而得到每条路径的抽象输出结果(返回结果由输入符号构成的表达式来表示)。

符号执行可以避免给出错误的警告,即符号执行发现的错误代表了程序的一个真实可行的执行路径,并且可以通过其生成的具体测试用例来触发该错误。事实上,符号执行是一种泛化的测试方法。具体地,测试是针对一个特定输入具体执行程序,并检查其结果的正确性;符号执行检查程序在一系列相关抽象输入上的抽象执行结果的正确性。

2.2　传统符号执行

符号执行技术的核心思想是使用符号值而不是程序执行的具体值作为程序输入,因此程序分析的中间变量以及程序的最终输出结果都是由输入符号变量的表达式来表示的[2-3]。符号执行在执行程序分析时会收集每条执行路径的路径约束,因此在结束某条执行路径分析后,可以通过 SMT 求解器[4-6]求解路径约束得到可触发当前路径的具体程序输入值。在软件测试中,符号执行为程序的每条执行路径产生一个具体的测试输入。从直观上讲,每条执行路径都是一个由 true 和 false 组成的执行序列,其中第 i 个 true(或者 false)表示执行路径中第 i 个条件语句选择 then(或者 else)分支。

程序的所有执行路径都可以用树结构表示,该树通常被称为执行树。图 2-1(a)所示的 main 函数共有 3 条执行路径,它的执行树如图 2-1(b)所示。符号执行树显示了每条执行路径对应的测试用例。用这 3 个测试用例($\{x=2, y=1\}$,$\{x=2, y=2\}$,$\{x=200, y=10\}$)作为程序输入,则该程序会依次遍历对应的 3 条路径。因此,符号执行可以产生这样的测试用例集合:它覆盖所有(或者在给定时间内尽可能多)依赖符号输入值的程序执行路径一次且仅一次。

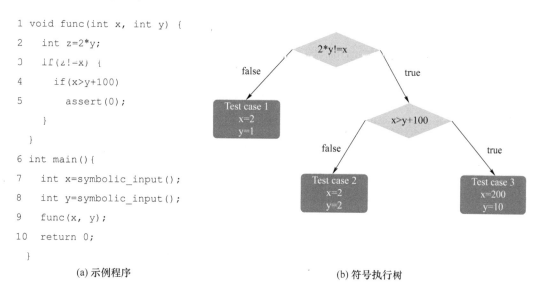

```
1 void func(int x, int y) {
2    int z=2*y;
3    if(z!=x) {
4       if(x>y+100)
5          assert(0);
      }
    }
6 int main(){
7    int x=symbolic_input();
8    int y=symbolic_input();
9    func(x, y);
10   return 0;
   }
```

(a) 示例程序   (b) 符号执行树

图 2-1　简单示例程序及对应的符号执行树

特别地,任何通过代码静态分析无法确定的值(如函数的参数或者系统调用的返回值等)都可以用符号值来表示。在符号执行过程中,符号执行引擎维护程序状态<stmt, σ, pcon>。

- stmt 表示下一条执行语句,为了简化描述,我们假设 stmt 可能是赋值语句、条件分支语句(其他语句可以转化为这两类语句类型);
- σ 表示符号内存,它将程序变量映射到关于具体值与符号值组成的表达式中;

- pcon 表示路径约束,它是由到达语句 stmt 的执行路径所选择的分支条件构成的约束公式,该路径约束被初始化为 true。

在完成某条程序路径分析后,使用约束求解器求解该路径约束将产生一个具体程序输入,该输入会驱动程序再次执行该路径。

根据 stmt 的语句类型,符号执行引擎根据以下规则更新程序状态。

- 赋值语句"x = e":赋值语句将符号内存 σ 中的变量 x 更新为新的符号表达式 $\sigma(e)$,并将其表示为 $x \mapsto \sigma(e)$,其中 $\sigma(e)$ 表示在当前执行状态下表达式 e 的值,它可能是任何由符号值和具体值组成的一元或者二元运算表达式。

- 分支语句 if(e) then $\text{stmt}_{\text{true}}$ else $\text{stmt}_{\text{false}}$:分支语句影响状态的路径约束 pcon。符号执行引擎在处理分支语句时生成两个程序状态:s_1:$<\text{stmt}_{\text{true}}, \sigma, \text{pcon} \wedge \sigma(e)>$ 与 s_2:$<\text{stmt}_{\text{false}}, \sigma, \text{pcon} \wedge \neg\sigma(e)>$。其中,$s_1$ 与 s_2 分别表示到达该语句的 true 分支与 false 分支的程序状态。具体地,如果 $\text{pcon} \wedge \sigma(e)$ 是可满足约束的(then 分支是可达的),那么符号执行将沿着 then 分支继续分析当前执行路径并生成状态 s_1。同理,如果 $\text{pcon} \wedge \neg\sigma(e)$ 是可满足约束的(else 分支是可达的),符号执行会产生沿着 else 分支的程序状态 s_2。其中,$\sigma(e)$ 表示 e 在当前状态下的符号表达式。特别地,与具体程序执行不同的是,符号执行会依次分析沿着 then 分支与 else 分支的两条可达执行路径。

对于图 2-1(a)所示的示例程序,符号执行首先将初始程序状态的符号内存 σ 初始化为空,并将路径约束 pcon 初始化为 true。在执行输入语句(第 7 行与第 8 行)时,符号执行分别引入新符号变值(sym_X 与 sym_Y),并将 σ 更新为 $\{x \mapsto \text{sym\_X}, y \mapsto \text{sym\_Y}\}$。在每个赋值语句"v = e"处,符号执行将 σ 中的变量 v 更新为 $\sigma(e)$,其中 $\sigma(e)$ 为表达式 e 在当前状态下的符号表达式。例如,执行语句 2 后,符号内存 σ 被更新为 $\{x \mapsto \text{sym\_X}, y \mapsto \text{sym\_Y}, z \mapsto 2 * \text{sym\_Y}\}$。

如图 2-1(b)所示,符号执行在执行语句 3 后产生两个程序状态,它们的路径约束条件分别为 $2 * \text{sym\_Y} \neq x$ 与 $2 * \text{sym\_Y} == x$。同理,在执行语句 4 之后,两个程序状态的路径约束条件分别被更新为 $(2 * \text{sym\_Y} \neq x) \wedge (x > y + 100)$ 与 $(2 * \text{sym\_Y} \neq x) \wedge (x \leqslant y + 100)$。

在遇到 exit 或者 error 语句(如程序崩溃或者违反某个断言语句)时,符号执行停止当前路径分析并调用约束求解器求解当前路径约束,生成覆盖当前路径的测试用例(该测试用例会驱动程序遍历当前分析的执行路径)。例如,符号执行为图 2-1(a)中的示例程序生成 3 个图 2-1(b)所示的测试用例,其中包括可以触发 assert 错误语句的测试用例。

2.3 混合符号执行

符号执行可以通过探索不同的执行路径来分析程序。然而,传统符号执行本质上是一种静态分析技术,它的有效性非常依赖符号执行的约束求解能力,这就限制了它的能力的发挥。对于较长的路径和涉及许多分支条件的路径,SMT 求解器可能无法求解正确的变量赋值,从而难以生成覆盖某些执行路径的测试用例。事实上,较短的执行路径也可能面临求解器无法求解其路径约束的情况,例如,当路径约束包含非线性约束或复杂的密码函数调用等情况时。我们考虑图 2-2 中的函数实现。

```
1   testme(int x,int y){
2       if(box(x) == y){
3           error;
4       }else{
5           ...
6       }
7   }
```

图 2-2　testme 函数的实现

如果函数 box 的实现是未知的,或者它的实现难以使用 SMT 求解器进行推理,那么符号执行无法确定第 3 行的错误是否可达。混合符号执行是将具体执行与符号执行相结合的分析方法,简称 Concolic(由 Concrete 与 Symbolic 组合而成)执行。该技术的提出可以有效应对传统符号执行技术面临的多方面的挑战。

在求解路径约束时,对于 SMT 求解器无法求解的复杂约束(如非一阶逻辑公式),混合符号执行会用程序的具体值替换复杂约束中的符号值,进而覆盖传统符号执行或者随机测试方法难以覆盖的部分代码。具体值的使用可以大大降低由程序外部交互及约束求解超时等造成的难以求解问题出现的概率,但可能导致遗漏某些可达执行路径,进而错过这些路径上的缺陷检查。

与传统符号执行不同的是,混合符号执行在维护符号内存的同时,还需要同时记录其具体执行状态。在具体程序输入的驱动下,混合符号执行沿着其执行路径收集符号约束,将求解器不支持的约束条件中的符号值替换为当前状态下的具体值,并调用求解器基于当前可求解的路径约束生成新的程序输入。新生成的程序输入会驱动混合符号执行不断遍历新的执行路径,进而提高代码分析覆盖率,直至无法产生新的程序输入为止。

对于 testme 函数的实现,传统符号执行无法生成驱动执行到达错误的程序输入(x 与 y 变量的输入值)。我们可以通过生成随机测试用例的方法来测试该函数,但是随机测试用例难以触发该错误:因为对于每个 x,都只有唯一对应的 y 值可以触发错误,所以生成的随机输入难以找到对应的 x 与 y 值。而混合符号执行可以基于变量 x 的具体值执行函数 box(x),从而较容易地得到与之匹配的 y 值。

2.4 符号执行技术面临的挑战

对于图 2-1(a)所示的示例程序,符号执行只需要穷尽搜索该程序的所有可能执行状态,就能标识所有触发 assert 错误的不安全输入。从理论上讲,穷尽的符号执行提供一种可靠而完备的程序分析方法。程序分析的可靠性保证不会产生漏报,即可以标识所有可能导致错误的不安全输入;程序分析的完备性保证不会产生误报,即标识的程序输入肯定会触发真实的错误或者不安全行为。然而穷尽的符号执行并不适用于除小型程序之外的大型的实际应用程序分析。因此,实际应用程序分析并不会同时要求完备性和可靠性,而是考虑更实际的分析目标,例如,牺牲部分可靠性以有效分析更大的程序。

符号执行在处理实际应用程序时面临的挑战比处理小型程序时远远复杂。挑战主要包括以下几个方面。

- 内存相关问题:符号执行面临的一个巨大挑战是如何安全有效地处理指针、数组,以及其他的复杂分析对象。操纵指针和数据结构的代码不仅会产生大量的符号存储数据,还可能会产生符号表达式所描述的地址。

- 环境相关问题:符号执行引擎应该如何处理软件执行栈之间的交互?库函数及系统代码的调用可能引起副作用(例如,文件的创建或者执行用户代码的回调函数),这些副作用可能会影响后面的执行,因此我们必须关注这类函数调用可能产生的副作用。然而,考虑所有可能与执行环境的交互通常又是不现实的。

- 路径爆炸问题:在符号执行过程中如何处理可能面临的路径爆炸问题?循环和递归是常见的可能导致程序路径数指数级增长的程序结构。因此,符号执行引擎通常无法在合理的时间范围内穷尽遍历所有可能的程序状态。

- 约束求解问题:约束求解器是符号执行引擎的重要组成部分,SMT 求解器可以处理数百个变量构成的复杂约束。然而,非一阶逻辑约束的求解对求解器的求解能力以及求解效率都提出了很大的挑战。

针对以上问题,符号执行通常需要在不同的使用场景下做不同的选择或者假设。尽管某些选择可能会影响方法的可靠性和完备性,但是在某些分析场景下,在给定的时间内遍历部分状态空间也足以达到分析目的(例如,为某个应用程序生成触发某个崩溃的程序输入)。

2.4.1　内存相关问题

符号执行面临的一个关键问题是如何提出一种有效的内存模型以有效支持使用指针以及数组的程序分析。内存相关问题的解决需要扩展符号内存的概念,使其同时支持变量以及内存地址映射,即将变量及内存地址映射到符号表达式或者具体值。

如何展开有效的内存建模是符号执行引擎设计时需要考虑的重要问题,它可能会显著影响路径遍历的覆盖率以及约束求解的效率。在引用的地址是符号表达式而非具体值时,就会出现符号执行的内存地址问题。

当无法限制符号内存地址到足够小范围的指针取值时,符号执行会产生爆炸式符号状态增长,在这种情况下符号地址具体化(将符号地址指向单个特定地址的指针值)是一种明智的选择。尽管该方法可能会导致符号执行引擎遗漏某些可达路径(如依赖某些指针的特定值),但是它在减少状态数量的同时也会降低求解约束公式的复杂性,从而提高运行效率。

2.4.2　环境相关问题

对大的实际程序展开符号推理注定会引起分析的不完备性,进而可能产生误报。符号执行技术的不完备性问题主要是由两个方面的原因引起的:难以精确处理复杂的数据类型(如指针或者复杂数据结构),以及复杂约束或者表达式导致约束求解器无法返回正确的求解结果。

在提升符号执行技术对复杂数据类型的处理能力方面,Koushik Sen 提出了一种针对真实 C 程序的符号执行方法 CUTE[7],该方法同时进行程序的具体执行与符号执行来处理求解器无法处理的复杂表达式,是一种典型的混合符号执行。另外,该方法提出了处理 C 程序中的指针类型以及复杂数据结构的方法,对于输入参数含有指针或者复杂数据结构的被测程序,CUTE 首先生成逻辑输入映射图,然后用其来指导生成被测程序的具体输入内存图。

混合具体执行也可以解决传统符号执行中无法处理不可判定的复杂路径约束问题。对于外部未知的函数以及无法分析的函数，一种常用的处理方法是对其展开建模，这类方法可以完全保持外部函数的符号性，但是通常会产生大量的手动工作量。对于无法处理的复杂表达式，一种方法是用该表达式的具体值来替代其符号值，以简化复杂表达式。这类方法可能会引发多方面的问题，包括可能导致符号执行多次遍历同一条执行路径，或者无法遍历某些执行路径。

在通常情况下，符号执行中产生不精确的路径约束是不可避免的，因此有很多研究是针对如何自动标识引发不精确的符号执行部分，并用该结果指导开发人员有效消除或者减少此类不精确性。

2.4.3 路径爆炸问题

在进一步发展且应用更为广泛的应用程序中，符号执行技术遇到的最大障碍是路径爆炸问题[8]。该问题的根本原因是：符号执行引擎可能在执行程序的每个分支时都产生一个新的程序状态，因此程序状态的总数（路径的总数）很容易随着分支数量呈指数级增加，进而会极大影响符号执行的运行时间和空间需求。路径爆炸的主要来源是循环和函数调用。

虽然将循环路径的分析限定到有限迭代次数的方法很简单也很容易实现，但这种方法很容易错过有趣或者重要的执行路径。因此，大量的研究工作开始探索更高级的路径搜索策略。例如，通过摘要计算及重复利用的方法，防止重复探索不同循环迭代或相同函数调用；归纳并使用描述程序代码片段的不变量。这些缓解路径爆炸问题的研究的共同点是优先遍历"更重要"的执行路径，或者尽量减少"不必要"的执行路径分析。

2.4.4 约束求解问题

符号执行在刚提出来的时候并没有得到实际的应用，直到约束求解领域有了巨大的进步，特别是 SAT 和 SMT 求解技术的性能得到提升。然而，约束求解能力仍是符号执行的瓶颈之一，因为符号执行所需的约束求解能力超出了当前约束求解器的求解能力。

为了应对约束求解技术在符号执行中引入的分析瓶颈，研究人员开始探索有效的约束简化及效率提升方法。具体来说，在符号执行中需要的绝大多数查询是为了确定某个分支在当前路径约束下的可行性。因此,一种有效的约束简化方法是从路径约束中删除与当前分支可达性无关的那些约束条件,从而减轻约束求解器的负担,提高求解速度。

此外,增量求解以及复用求解结果也是一种有效提升符号执行中约束求解效率的思路。符号执行期间生成的路径约束的一个重要特征是,它们是由路径经过的程序源代码中的分支条件来决定的。因此,许多路径具有相似的路径约束,从而可以采用相似的约束求解方案。我们可以通过重用先前类似约束的求解结果来提高约束求解的速度。

Visser 等人设计的 GREEN[9] 工具封装了可满足性检查的约束求解器。该工具旨在检查约束的可满足性时判断当前查询是否曾被求解器处理过,如果是,则直接重用相应的求解结果。因此,该方法可以在符号执行不同路径时重用已有的求解器求解结果。为了达到此目的,GREEN 标准化约束求解器的查询以便进一步重用查询结果。

2.5 符号执行工具

2.5.1 KLEE

KLEE[10] 是一个流行的程序分析及测试平台,最初是由斯坦福大学的 Dawson Engler 等人设计并研发的符号执行工具。自 2009 年以来,KLEE 主要由帝国理工学院的软件可靠性小组开发和维护,但它的发展也离不开外部开发人员的重要贡献。在过去的十几年里,KLEE 无论在算法上还是在实现上都得到了很大的改进。KLEE 在工业界和学术界都拥有庞大的用户基础,成为许多项目的关键组件,这些项目包括 Cloud9[11]、GKLEE[12]、KLEENet[13] 和 Klover[14]。

KLEE 主要包括一个符号进程的操作系统和解释器。每个符号进程都有一个寄存器文件、堆栈、程序计数器和路径约束条件。为了避免与 UNIX 进程混淆,KLEE 将符号进程表示为状态(state)。被测程序被编译成 LLVM 中间语言[15](一种类 RISC 的虚拟指令集),KLEE 解释执行这个指令集,并在指令解释执行中收集路径约束。LLVM 中间语言是广泛使用的 LLVM 编译器的中间语言,KLEE 解释器可以具体或者符号执行所有 LLVM 中间语言。

KLEE 的主要优势之一是,它具有模块化和可扩展的体系结构。例如,KLEE 不仅提供了各种不同的启发式搜索策略来探索程序状态空间,还支持使用者轻松对其进行扩展。约束求解也采用了类似的方法,将约束求解过程(如优化和缓存)构建为一系列分析阶段。KLEE 可以方便地启用、禁用或者添加新的分析模块。新版本 KLEE 还支持各种不同的 SMT 求解器,包括默认的 STP[16]以及 Z3[17]。

KLEE 的核心是循环解释执行指令的解释器,指令的每次执行都是 KLEE 在某个程序状态的上下文中符号化地解释执行当前指令。KLEE 重复执行该循环直到没有需要分析的状态(或者达到用户定义的停止分析条件)为止。与普通进程不同的是,在状态的存储空间中(包括寄存器、堆栈和堆对象)存储的是符号表达式,而不是原始数据值。表达式的叶子节点是符号变量或常量,内部节点为 LLVM 中间语言的各类操作(如算术操作、位操作、比较和内存访问)。

KLEE 有两个分析目标:①覆盖被测程序的所有执行路径;②在每个危险操作(如解引用、断言检查)处检测是否存在可以触发错误的输入值。KLEE 通过符号执行来达成这些目标:当它检测到错误发生或程序执行了退出程序的系统调用(如 exit 函数族)时,KLEE 求解当前路径的路径约束,并产生能够完全复现该路径的测试用例。KLEE 的设计旨在生成测试用例,包括可以生成触发程序错误的输入。然而,KLEE 所测代码执行的不确定性以及工具实现可能存在的错误都会导致其在实践过程中产生误报(无法复现符号执行过程中标识的错误)。

KLEE 在改进符号执行的可用性方面做出了重要改进。为了缓解路径爆炸问题,KLEE 实现了多种启发式搜索策略,包括覆盖率优化搜索和随机路径搜索。覆盖率优化搜索是指优先选择距离未覆盖指令最近的路径;与随机搜索不同,随机路径搜索是基于控制流图随机路径选择,并根据该路径的约束集来求解其对应的测试用例。在约束求解方面,KLEE 使用了无关约束消除技术和缓存求解等策略来提高约束求解性能。

2.5.2 SPF

SPF[18]将符号执行与模型检查相结合,实现 Java 程序的自动测试用例生成和错误检测。SPF 支持布尔值、整数、实数和复杂数据结构的输入和操作,还提供了对字符串和位向量操作的初步支持。此外,SPF 支持混合符号执行,即结合了具体执行和符号执行。同时,它也支持前置条件设置及多线程。

SPF 是一个免费的开源项目,它已经成功地应用在美国航空航天局(National Aeronautics and Space Administration,NASA)、学术界和工业界。SPF 已经被 NASA 广泛用于发现飞行软件中的漏洞。在学术界,SPF 支持各种研究项目。在工业界,富士通用 SPF 来测试超过 6 万行的网络应用程序。通过求解覆盖目标的路径约束,SPF 可以被用作可定制的测试生成工具。用户可以指定不同的代码覆盖指标,定制调整生成测试用例的搜索策略。SPF 支持以不同的格式保存测试用例,例如,保存为 HTML 格式。

SPF 是 JPF 工具集[19]的一部分。JPF 包括 JPF 核心引擎(JPF-core)、一个显式状态模型检查器和几个扩展项目(包括 SPF:jpf-symbc)。模型检查器由一个可扩展的定制 Java 虚拟机、状态存储和回溯功能模块、不同的搜索策略以及用于监视状态搜索的侦听器组成。JPF 核心引擎基于 Java 标准语义具体执行程序。而 SPF 用符号解释代替了 JPF 核心引擎的具体执行语义。SPF 依赖 JPF 核心引擎框架来系统地探索不同的执行路径以及不同的线程调度。为了限制由循环或者递归引起的可能的无限搜索空间,SPF 支持用户指定分析深度。

2.5.3 SAGE

白盒模糊测试首先在 SAGE[20]中实现。由于 SAGE 针对的是大型应用程序,其中单个执行可能包含数亿条指令,因此符号执行是其最慢的组件。为此,SAGE 实现了一种定向搜索算法,该方法从每个符号执行中最大化生成新的程序输入。针对给定的路径约束,SAGE 系统地对路径中的所有约束逐个取反,并将其与到达各路径约束的前缀构成合取式,送到约束求解器求解以大规模生成测试用例,同时避免产生冗余的测试用例。因此,一次符号执行就可以生成数千个新的测试用例。相比之下,标准的深度优先或宽度优先搜索将只对每个路径约束中的最后或第一个约束进行反求,并在每个符号执行中最多生成一个新的测试。

SAGE 是第一个在 x86 二进制级执行动态符号执行的工具,它是在路径重现基础框架 TruScan 上实现的。SAGE 生成的约束是完全确定的,因为它使用的执行信息捕获了执行中遇到的所有非确定性操作。SAGE 执行 x86 二进制代码,因此它适用于使用任何源代码语言或者构建过程生成的可执行程序,也确保了分析对象就是发布对象,避免了编译器可能对源代码的安全性产生的影响。

SAGE 的架构如图 2-3 所示。

(1) 给定一个(或多个)初始输入 Input 0,SAGE 运行被测程序,检查初始输入是否会触发错误。如果没有触发,SAGE 会收集运行中执行的程序指令序列。

(2) SAGE 在输入的触发下符号执行被测程序,并生成对应的路径约束。

(3) 实现分代搜索:逐个取反该路径约束中的所有约束,并将其与它的前缀路径约束一起送到 SMT 约束求解器 Z3 求解。

（4）SAGE 根据指令覆盖增量信息对所有可满足约束对应的 N 个新生成的输入（Input 1，Input 2，…，Input N）进行排序。例如，如果使用新的 Input 1 执行程序覆盖了 100 条新指令，那么 Input 1 的得分为 100，依此类推。

（5）SAGE 选择得分最高的新输入执行代价昂贵的符号执行分析，并循环重复以上分析过程，直至没有需要分析的新输入或者达到所设置的分析上限（如分析时间上线）为止。

所有的 SAGE 分析任务都可以在多核机器甚至一组机器上并行执行，进而提高它的分析效率。

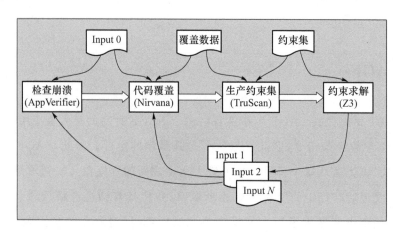

图 2-3　SAGE 的架构图

2.5.4　SymCC

当前大多数符号执行工具类似于解释器，而 SymCC 使用了基于编译的符号执行方法[21]。具体地，它通过编译器对目标代码进行插桩，注入展开符号执行的相关函数调用。SymCC 使符号执行成为被编译程序的一部分，从而使符号执行相关代码与被分析代码一起被编译器进一步优化，进而保证用于符号执行的相关插桩代码的执行效率。

符号执行进一步发展和应用的主要障碍是其执行速度。符号执行的分析速度更是无法与模糊测试等方法相比。而基于编译的符号执行工具 SymCC 在分析性能上得到了极大的提升。具体地，SymCC 是一个基于 LLVM 编译框架的 C/C++编译器，它将符号执行直接构建到可执行的二进制文件中。软件开发人员可以用 SymCC 来替代 Clang/Clang++等编译器来展开符号化的程序分析，同时 SymCC 也可以添加对其他语言的支持。

解释器是一条条地处理目标程序指令,并针对每类操作码执行相应的分析操作。相比之下,编译器在编译阶段分析目标代码信息,并用一系列等价的机器代码指令替换每个高级指令。因此,在执行阶段,CPU 可以直接执行(而不需要解释)程序。也就是说,对于解释器在每次执行中所做的工作,编译器只需要一次便可完成。

基于解释执行的符号执行工具容易实现及维护,但其分析效率并不高。而直接运行被测程序并实现相应观察程序的符号执行工具虽然执行速度快,但其实现较为复杂。SymCC 的基本思想是结合这两种实现方式的优点,构建一个易于实现且执行速度快的符号执行系统。为此,SymCC 将符号执行的逻辑编译到目标程序中。此外,SymCC 使用编译器的中间表示,因此可以测试不同编程语言或者针对不同目标架构的程序。

与 KLEE 相比,SymCC 的符号执行速度快了 3 个数量级,平均速度为 KLEE 的 12 倍。此外,针对实际应用程序的分析及检测,SymCC 也能够达到更高的代码覆盖率。SymCC 在经过大量测试的开源项目中发现了一些新的漏洞,其中某些漏洞还得到了项目维护者的确认并被分配了相应的 CVE 标识符。总之,SymCC 的成功研制为符号执行技术的进一步发展提供了新的探索方向。

本 章 小 结

首先,介绍了符号执行技术的基本思想及原理,并概述了符号执行的基本方法及过程。然后,简要分析讨论了符号执行技术在发展过程中面临的挑战,为后续章节的引出做了铺垫。最后,介绍了一些当下比较流行的符号执行工具。

第3章

软件测试与错误定位技术

如今,软件广泛影响人们生活的各个方面。计算机技术与各领域的结合大大促进了这些领域的发展,而这些领域的发展也进一步加快了计算机技术的发展。随着人们对软件依赖程度的提高,人们期望日常使用的各类软件都是安全而可靠的。然而不幸的是,软件与程序的测试技术长期落后于软件开发技术。越来越多的种类、越来越大的代码规模以及越来越复杂的内部逻辑都使软件测试及维护变成一项庞大的工程。

美国商务部国家标准和技术研究所(NIST)在 2002 年开展的一项研究表明,程序缺陷每年会给美国经济造成高达 595 亿美元的损失。2010 年,日本丰田汽车因为车辆软件中一个提供错误速度读数的缺陷,需从全球召回超过 1 300 万辆汽车,从而导致丰田公司损失 20 亿～50 亿美元[22]。2007 年,伦敦证券交易所信息系统崩溃导致股票交易暂停40 分钟,并因此失去价值数十亿英镑的股票交易[23]。2013 年,亚马逊云计算服务器发生重大中断事故,在短短 49 分钟的时间里亚马逊损失近 570 万美元[24]。而早在 2011年,亚马逊曾因软件漏洞导致服务器中断 4 天,其损失更是难以估计。2013 年,美国微软公司委托国际数据公司(IDC)进行的一项研究表明,开发人员花费了 15 亿小时和 220 亿美元检测及修复恶意软件导致的各类软件设计缺陷,而全球企业花费了 1 140 亿美元抵抗恶意软件引起的各类攻击[25]。

由于市场的需要,软件产品的开发周期越来越短,从而形成以敏捷开发为主导的软件开发模式。该开发模式将不断迭代软件开发、软件测试与维护环节,因此软件正确性的维护将严重影响整个项目的进度。然而软件测试无法大量依赖人工测试,而是需要使用一些有效的自动化软件分析方法。总之,规范化的软件设计与构建活动需要不断检查分析中间和最终交互的软件。而研究软件测试相关技术、提高软件测试自动化程度及调试方法对提高软件质量及加快软件开发进度具有重要的研究意义。软件的正确性分析与维护是图 3-1 所示的迭代分析过程。

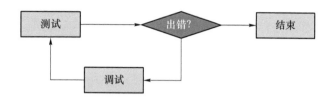

图 3-1 软件的正确性分析与维护

3.1 软件测试与错误定位的研究背景

3.1.1 软件测试

在软件发展初期的 20 世纪 60 年代,软件测试一般由开发人员完成,此时软件测试还未形成一个单独的研究领域。1972 年,Bill Hetzel 组织的首届以软件测试为主题的会议在北卡罗来纳大学召开,意味着软件测试开始受到学术界的关注。1975 年,John Good Enough 和 Susan Gerhart 联合发表的文章"Toward a theory of test data selection"标志着软件测试研究方向的形成。由 Glenford J. Myers 撰写的第一部介绍软件测试的思想和方法的书籍于 1979 年出版,它极大地推动了软件测试的普及与发展。从 20 世纪 90 年代开始,各种软件测试工具开始出现并流行起来,而自动化测试软件也开始替代大量重复性的人工操作,极大地提高了软件测试效率。近年来越来越多的研究人员关注软件测试的相关研究,相关学术会议和活动也越来越多。据统计,国际软件工程大会(ICSE)上约 1/3 的讨论都与软件测试和分析相关。

软件正确性分析的方法主要有两类:软件测试与验证。软件测试是改进软件质量的主要手段,该技术的改进至少会避免 1/3 的损失[26]。然而软件测试本身也会带来大量的资源消耗。软件测试通常会耗费超过 50% 的开发时间,而高可靠性系统的测试耗费的时间则更多,因此软件测试在软件工程中占据非常重要的地位。现在很多公司(如 Microsoft、Google、Facebook 等)开始向外界大众推出缺陷报告以及提交对应修复补丁的奖励机制,希望在依赖外界力量控制软件测试成本的同时提高产品质量。图 3-2 所示为 Microsoft 公司向外界发布的产品缺陷报告提交奖励机制。

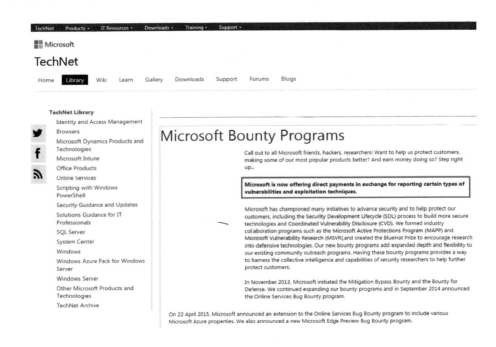

图 3-2　Microsoft 公司向外界发布的产品缺陷报告提交奖励机制

　　软件测试的主要困难在于软件系统的复杂性。软件系统通常含有大量的程序代码、深度嵌套的条件语句、复杂的函数调用链、类型转换和指针操作。此外,很多软件系统(特别是安全敏感的系统)的测试需要穷尽地验证环境可能提供的所有输入(包括不正确甚至恶意的输入)。目前,开发人员主要结合低效率的代码审查、覆盖率低的随机测试与动态分析以及不精确的静态分析来执行软件测试。

3.1.2　软件错误定位

　　软件生命周期的每个阶段都可能会引入各种错误,而且前一阶段的错误往往会对后续阶段造成连锁影响。因此,前一阶段产生的错误往往会伴随着后一阶段多个错误的发生,这就是软件错误的累积效应和放大效应。此外,不同阶段发生的软件错误修复工作可能对应不同的修复代价(遗留时间越长的错误修复代价越大)。因此,尽早快速而准确地理解并修复已发现的软件错误,对软件的正确性维护尤其重要。

　　发现错误之后如何有效分析并修复该错误是整个软件维护周期中都需要考虑的问题。据统计,软件调试是成本非常昂贵的分析阶段,它的成本占据整个软件开发成本的 $50\% \sim 80\%$。该阶段主要包含两个重要步骤:第一个是标识可能导致错误产生的疑似语句;第二个是检查被标识的程序语句,理解错误产生的原因,进而修复错误。传统的错误定位方法主要是利用调试工具设置断点、跟踪程序的执行并检查程序运行时的栈空间状态。以人为主导的交互式调试通常利用源代码级的调试工具,如 GNU 调试器(GDB)、微软的 Visual Studio 调试器。

显然,调试程序的第一步要求调试人员能准确地标识错误语句,也就是执行有效的错误定位分析,然后在真正理解错误的基础上提出对应的错误修复方法。因此,在迭代的错误调试过程中,错误定位是极其重要的部分,因为不精确的错误定位可能误导整个定位—修复—验证过程,从而为软件开发引入大量的时间消耗。此外,精确而有效的错误定位能减少调试的迭代次数,进而加快整个调试进程。

错误定位的本质是一个搜索问题,其搜索空间是程序的各个组成部分(如程序语句、变量、谓词条件),其结果是查找可能与程序错误有关的程序组成部分。错误定位过程往往伴随着检查程序的各个组成部分以及它们之间的关系。

自动化错误定位技术帮助调试人员限定错误的搜索空间,帮助他们确定一个较小的可疑程序组成集合,进而减少错误调试时间及软件维护成本。事实上,由于巨大的市场竞争压力,很多公司都倾向于发布含已知与未知缺陷的软件[27]。而自动化错误定位技术能帮助公司在发布他们的产品前调试并修复更多的已知缺陷,改进软件产品的可靠性。

尽管软件工程研究领域已有大量工作关注自动化软件错误定位方法的研发,但是大部分方法都需要一个充分的测试集以提供足够的成功执行路径与失败执行路径[28-31]。这类错误定位方法主要是比较失败执行路径与成功执行路径,常用于发现程序的版本更新中发生的错误[32]。然而,获取大量的与错误执行路径相似的正确执行路径本就是一个挑战。此外,这类方法往往并不适用于软件开发中的错误定位分析。因为调试人员通常关注单条错误执行路径,而不是与大量的正确执行路径相比较。

3.2 基于符号执行的软件测试

在通常情况下,程序都含有大量甚至无限的执行路径,因此难以模拟程序的所有执行路径。符号执行是一种有效的自动化软件测试技术[2-3,33-34],该技术最初因为其能生成高代码覆盖率的测试用例集并发现复杂软件中的深度错误而得到关注。近年来,随着约束求解技术不断发展并被应用于有效的空间搜索中,符号执行技术也得到了较大的发展和广泛的实际应用。特别是很多分析方法将具体执行与符号执行相结合以进一步提高分析规模[35-36],并出现一系列符号执行工具,如 KLEE[10]、S2E[37]、SAGE[38] 等,而微软

Visual Studio 2010 也集成了符号执行工具 Pex。

符号执行使用符号输入作为程序输入,模拟由符号输入和程序控制流所驱动的执行路径。与随机产生测试用例的黑盒测试方法不同,符号执行只为同一执行路径产生一个测试输入,从而避免重复分析相同的执行路径。此外,如果符号执行工具发现一条可以触发某个程序缺陷的执行路径,那么该缺陷就是真实存在的。触发该缺陷的输入则可以通过求解符号执行过程中收集的路径约束来生成,该输入可以有效地协助开发人员开展调试工作。

虽然近年来有大量工作致力于研究基于符号执行技术的自动化软件测试方法,但是仍然无法满足日益增长的软件开发实际需求。符号执行技术的进一步发展及应用仍然面临多方面的巨大挑战,包括路径爆炸、环境建模等相关问题(见第 2 章)。进一步提升基于符号执行技术的软件测试方法的能力与效率,仍然是软件测试等质量保障人员目前乃至今后很长一段时间要面临的紧迫而重要的任务。

针对符号执行面临的路径爆炸问题,研究人员尝试通过各种方法来缓解其影响。本节将主要介绍几类有效缓解符号执行路径爆炸问题的方法。

3.2.1 摘要计算

当代码片段(如函数或者循环体)被多次遍历时,符号执行可以构建其执行的摘要信息(如函数摘要与循环摘要),并将其用于后续的重复使用。

1. 函数摘要

某个函数 f 在执行过程中可能被多次调用,这些调用可能在相同或者不同的调用上下文中。符号执行通常在函数 f 的每次调用点重复地符号化分析其函数体。而组合符号执行[39-40]动态地产生 f 的函数摘要,并允许执行引擎有效地重用之前生成的摘要信息。具体地,该方法使用公式 Φ_w 描述在遍历路径 w 过程中收集的关于函数输入以及函数输出的约束。此外,Φ_w 中的输入与输出由路径执行中访问的内存地址来定义。函数摘要是一个命题逻辑公式,它被定义为不同等价类对应公式 Φ_w 组成的析取公式。组合符号执行通过过程内路径的符号执行来建模过程间的可达路径。

为了进一步提升符号执行技术检测程序的规模,需求驱动的组合符号执行技术[41]将摘要表示为用未解释函数表示的一阶逻辑公式,并允许生成不完整的摘要信息。其主要目的是尽可能使用已遍历的过程内路径形成过程间的可达目标分支或者语句的路径。

不完整的摘要信息可以在过程间的分析中随着更多语句的覆盖而进一步按需扩充和完善。这种基于摘要计算的组合式符号执行技术通过函数摘要的重复利用,在最好的情况下可以将以过程内路径数指数级增长的方法降为线性增长的方法。此外,Godefroid 等人进一步提出组合式的 May-Must 计算来有效提高符号执行的效率[42]。

然而组合符号执行技术面临的最大问题是,生成的函数摘要信息通常是不完全的。而不精确的函数摘要往往会引起分析的不可靠性或者不完备性问题。除了组合符号执行以外,还有从其他角度出发的摘要计算方法。例如,RWset[43] 在发现当前程序执行路径与某条已分析程序执行路径以相同程序状态到达同一程序执行点时,会提前终止对当前执行路径的遍历。因为该执行路径将会遍历与已分析执行路径相同的后缀路径。该方法的主要思想是,如果两个程序状态只在程序后续执行中不会访问的变量处有区别,那么这两个状态的执行将产生相同的副作用。因此,该技术缓存程序代码片段的分析结果并在后续的分析中重用该信息。

2. 循环摘要

类似于函数调用,我们也可以为循环计算部分摘要信息[44]。具体地,我们可以在符号执行中动态推理循环条件与符号变量间的依赖关系,并计算相应的前置与后置条件来表示循环摘要信息。缓存循环摘要不仅允许符号执行引擎避免在相同的程序状态下重复执行相同的循环,而且还可以将循环摘要进一步泛化,以覆盖同一循环在不同条件下的不同执行。

早期的工作只能为循环生成摘要,并通过向循环中添加固定数量的符号变量来更新摘要信息。此外,嵌套循环或多路径循环(在循环体中带有分支的循环)也是循环摘要生成面临的难点。Proteus[45] 是一种用于总结多路径环路的通用框架,它根据路径条件中值的变化模式(如是否更新归纳变量)和路径在循环内的交错模式(如是否有规律性)对循环进行分类。该分类利用一种扩展的控制流图来构造建模路径交错的自动机。以深度优先策略遍历自动机,并为所有可达轨迹构建析取摘要,其中每条轨迹表示一次循环执行。分类决定循环被精确分析、近似分析还是无法分析。对于不规则模式以及嵌套循环的精确摘要计算仍然是一个有待进一步研究的问题。

3.2.2 路径包含与等价分析

一个大的符号状态空间为路径相似性分析提供了发挥的空间,如裁剪无法覆盖新行为的执行路径。

1. 插值技术

符号执行可以利用插值技术从未覆盖期望行为的程序路径中提取属性,并用于防止继续探索同样无法满足期望行为的其他类似路径。Craig 插值[46]可以决定公式中的哪些信息与某个给定属性相关。假设 $P{\rightarrow}Q$ 在某个逻辑中成立,那么我们可以构造一个插值公式 I,使 $P{\rightarrow}I$ 和 $I{\rightarrow}Q$ 都成立,且 I 中的每个非逻辑符号都同时出现在 P 和 Q 中。插值技术通常用于程序验证:对于不满足公式 $P{\wedge}Q$ 的反驳证明,可以构造反向插值 I 使 $P{\rightarrow}I$ 成立且 $I{\wedge}Q$ 是不可满足的。插值技术在模型检查、谓词抽象、谓词求精、定理证明等领域得到了广泛应用。

当符号化地验证带有显示错误位置的程序(如含有 assert 语句的程序)时,可以用插值技术来缓解路径爆炸问题。在路径遍历过程中,符号执行引擎用约束条件注释每个程序执行点,以总结之前经过该点且未能到达给定错误位置的路径。每当遇到分支时,符号执行引擎检查当前路径约束是否已包含在基于已探索路径生成的约束中。在最好的情况下,该方法曾指数级减少需要遍历的路径数量。

文献[47]提出一种基于分支及语句注释的冗余状态裁剪算法:如果当前程序状态蕴含在当前语句的注释条件中,则表明当前状态不会到达错误位置点。具体地,该方法在搜索给定目标失败时通过插值计算生成程序注释,以避免在后续路径搜索中遭遇同样的失败。为了计算最短路径及分析最坏执行时间,Jaffar 等人提出了在动态编程中的一种类似方法[48-51]。然而,尽管插值技术比最弱前置条件更为通用,但是它通常会花费更加昂贵的计算开销,同时还需要特殊约束求解器的支持。

后置条件符号执行是一种类似的冗余消除方法[49]。它在每个程序执行控制点用最弱前置条件描述之前探索的所有后缀路径,而前置条件越弱则可能概括越多的后缀路径。后置条件信息是在路径探索中逐步增量生成并向后传播的。在执行分支语句时,相应的后置条件将被取反并添加到路径约束中。如果当前路径包含在已探索路径集合中,则更新后的路径约束将变成不可满足约束,进而隐含裁剪当前执行路径。第 5 章会详细介绍该工作。

路径包含分析的合理性依赖这样的事实:为某个位置计算的插值捕获了经过该位置的全部后缀路径信息。因此,路径遍历策略在插值的构建中起着非常关键的作用。例如:深度优先路径遍历策略非常便于插值信息的计算,它可以快速地探索并反向构建插值信息;而广度优先路径遍历策略不利于插值信息的计算,该策略可能在检查冗余时发现插值信息不可用。

2. 状态包含与抽象

文献[52]提出一种关于符号状态的双重包含检查技术。具体地,符号状态由符号堆和关于标量变量的一组约束来定义。该方法主要针对这样的目标程序:不仅要操作标量类型变量,还要操作未初始化或部分初始化的数据结构。该工作提出了一种通过图遍历匹配堆配置的算法,同时使用求解器推理标量数据的包含关系。为了处理可能产生的无限状态,该工作提出利用抽象技术将符号状态空间抽象为有限空间,从而提升状态包含分析的有效性。抽象可以分析堆形状及标量数据的约束(如链表和数组)。针对向下近似的包含检查可能会错过程序的某些可行行为。

3. 路径等价类划分

控制流和数据流的依赖分析所展示的因果关系可以用于在路径遍历中过滤那些无法覆盖新程序行为的执行路径。文献[53]将混合执行的输入划分到互不干扰的分区中,在符号化分析某个输入分区时,其他分区中的输入变量使用具体值。当两个输入共同影响某条语句时,或者通过控制与数据依赖共同影响某些语句时,这两个输入之间存在干扰。

文献[54]主要关注程序输出,它将关于程序输入有相同相关切片的两条路径划分到相同的路径集合。相关切片是动态数据依赖、控制依赖以及隐含依赖的传递闭包,隐含依赖包含那些未被执行但会影响程序输出的语句。相同路径划分中的执行路径表示相同的程序输入与输出间的符号关系。该方法可以用于构建有效的测试用例集。文献[55]还探索了与输出无关的错误,该方法为各语句计算其相关切片以分析如何从符号输入计算它们。依赖分析可以有效地检查切片的等价性。当某条路径的所有语句的切片都被已分析路径覆盖时,这条路径就被认为是冗余的。

3.2.3 约束不充分的符号执行

避免路径爆炸的一种可能方法是将要分析的代码(如一个函数实现)从其实现系统中分离出来,并对其执行独立分析检查。基于用户指定前提条件的惰性初始化即遵循该原则自动构建复杂的数据结构。然而,从应用程序中抽取部分代码可能非常难以实现,因为代码与其执行环境可能紧密相连[56]。强行将代码与其执行环境剥离开可能会导致这样的问题：在独立分析检查中标识的代码错误可能是误报。因为在真正的执行上下文中，标识错误所期望的输入可能永远不会出现。因此，某些研究工作首先隔离并独立分析代码片段，然后基于生成的导致错误或崩溃的输入展开具体执行以过滤误报[57]。

事实上，约束不充分的符号执行是对传统的完全约束符号执行的一种调整[56]，它将函数隔离开单独分析，并将函数的符号输入以及任何可能影响函数执行的全局数据均标记为约束不充分的变量。与传统符号执行相比，约束不充分的符号执行无法获得从程序执行入口点到当前分析函数的前缀路径上收集的关于某些符号变量的路径约束信息，因此它将这类变量标记为约束不充分的变量。

符号引擎可以通过跟踪内存访问及位置标识来自动标记这类变量，而无须人工干预。例如，当读取堆栈上的未初始化数据时，自动将其标识为约束不充分的变量。除了用在可能产生错误的表达式时，约束不充分变量与经典的完全约束符号变量具有相同的语义。在约束不充分的符号执行中，很难判断其标识的错误是不是真实的，因为缺失的约束可能会使该错误变成不可达状态。因此，该方法只在当前约束的所有解都导致错误发生时才会报告该错误。此时，该错误是上下文不敏感的，因而是一个真正的错误。否则，它将错误发生条件取反并添加到路径约束后继续执行。例如，当使用约束不充分的变量 u 索引长度为 n 的数组 a 时，该方法只在可以证明 u 会导致溢出（$u \geqslant n$）时才报告溢出错误，否则将添加约束 $u < n$ 到路径约束中。代码中的断言检查也采用类似的处理方法。

尽管该技术可能会漏掉错误而并不可靠，但它仍然可以在较大的程序中找到有用的软件错误。此外，约束不充分的符号执行应用并不仅限于独立分析函数，而是任何代码区域。例如，当符号执行陷入某个代码区域（如循环）时，可以将其影响的内存位置标记为不受约束变量以跳过该代码区域分析。在通常情况下，我们可能难以理解跳过代码执行会影响哪些数据，因此可能需要一些手工注释来确保该分析的正确性。

3.2.4　前置条件与输入特征利用

关于程序输入的属性知识也可以被用来有效缓解路径爆炸问题。AEG[58]提出有条件的符号执行将路径探索导向满足给定前置条件的输入空间子集，进而减少需探索的程序状态数。有条件的符号执行用可靠性换取性能：良好的前置条件既不会太限定输入空间以错过有趣的路径，也不会太泛化输入空间而影响分析加速。

具体地，该方法并不是将路径约束初始化为 true，而是将其初始化为给定的前置条件,因此后续的路径探索将跳过不满足前置条件的路径。在初始化时向路径约束添加较多约束可能会增加求解器的负担(会在每个分支执行处执行更多约束可满足性检查),因此该方法在小状态空间上得到的性能增加很可能被引入的求解器负担所抵消。

文献[59]提出的循环扩展符号执行技术利用描述输入程序的语法有效地探索循环。具体地,该方法将循环迭代次数与程序输入特征联系起来,并用于有效指导循环中产生的程序状态的探索,进而缓解路径爆炸问题。

3.2.5 符号执行状态合并

状态合并是一种强大的将不同执行路径融合到统一状态的技术。与其他静态程序分析技术(如抽象解释)不同的是,符号执行中的状态合并不会导致向上的近似抽象。

原则上,当两个即将执行相同语句的符号状态拥有非常相似的符号存储时,状态合并非常有用。具体地,可以将两个给定状态$(\text{stmt}, \sigma_1, \pi_1)$和$(\text{stmt}, \sigma_2, \pi_2)$合并为新状态$(\text{stmt}, \sigma', \pi_1 \vee \pi_2)$,其中$\sigma'$是$\sigma_1$和$\sigma_2$合并后的新符号存储。某些控制结构(如if-else语句或者简单循环)通常会产生非常相似的后继程序状态,这些后继状态非常适合执行状态合并。早期研究[39]表明状态合并技术可以有效地减少遍历路径数,但同时也可能会给约束求解器带来负担。此外,状态合并可能会引入新的符号表达式。

有效的状态合并方法通常采用启发式策略来有效识别可以加速路径探索的状态合并点。实际上,状态合并生成的更大、更复杂的符号表达式可能引入额外的求解器负担。不幸的是,该负担甚至可能会超过状态减少带来的好处,从而导致较差的整体性能[60]。查询计数估计[60]利用一种简单的静态分析预估每个符号变量在某个潜在状态合并点之后,给出在求解器查询中的次数。只有当两个状态的不同变量在以后的查询中不会频繁出现时,这两个状态才是好的状态合并候选者。静态合并是在简单语句的序列上执行的,这些语句产生的影响通过 ite(if-then-else) 表达式来表示。

为了最大限度地增加状态合并机会,符号执行引擎应该遍历控制流图以计算某个程序点的所有前驱状态的合并状态。然而,该方法并不利于优先探索"有趣"的程序状态。文献[60]引入的动态状态合并不受路径探索策略的影响。假设符号引擎维护等待执行的状态列表及它们的有限前驱信息。在选择下一个探索状态时,符号执行引擎首先检查状态列表中是否有这样的两个状态 s_1 和 s_2:s_1 与 s_2 无法合并,但是 s_1 与 s_2 的某个前驱可以合并。如果 s_2 与 s_1 的后继之间的相似度也很高,那么该方法将 s_1 的执行往前推进某个固定步骤后再尝试合并。该方法的基本想法是:如果两个状态相似,那么它们各自的后继状态也可能在某个未来时刻变得相似。如果合并失败,算法则启发式地选择下一个状态继续探索。

3.2.6 程序分析及优化技术

对程序行为的深入理解可以帮助符号执行进一步优化其分析,并指导它专注分析更重要的程序状态(如裁剪执行树中不感兴趣的部分)。多种经典的程序分析技术已成功应用于指导符号执行路径遍历。例如,文献[61]在符号执行过程中跳过对指定函数的分析,在后续的分析中再利用程序依赖分析判断是否需要分析前缀路径中跳过的函数。

1. 程序切片

针对某程序行为子集,程序切片从程序中提取描述该行为的最小指令序列[62],这些信息可以从不同的方面提升符号执行的分析效率。例如,文献[63]利用向后的程序切片限制对特定目标程序点的符号探索。

2. 污染分析

污染分析[64]检查程序中哪些变量可能包含存在潜在危险的外部源值(如用户输入)。该分析既可以是静态分析,也可以是动态分析,而动态分析产生的结果更准确。在符号执行的上下文中,污染分析可以帮助符号执行引擎检测哪些路径依赖受污染的值。例如,文献[65]主要分析跳转指令受污染的路径,并使用符号执行生成相应的漏洞利用。

3. 模糊测试

已有研究工作表明,符号执行可与模糊测试相结合[66]。模糊测试通过随机改变用户提供的测试输入来标识程序崩溃、断言失败或发现潜在的内存泄漏。模糊测试可以用符号执行来增强其检测能力:用符号执行收集关于输入的约束,并通过取反路径约束中的条件来生成新输入。反之,符号执行引擎也可以通过模糊测试增强其分析能力,以使它更快、更有效地到达更深层次的状态探索。

4. 类型检查

符号分析也可以有效地与类型检查相结合[67]。例如,类型检查可以确定难以符号化分析函数的返回类型,并用于指导符号执行引擎裁剪某些路径。

5. 程序差分与增量分析

基于路径遍历的符号执行可以执行有效的增量式分析,它在执行增量式分析时只需要分析程序更改所影响的执行路径[68-74]。依赖性分析可以识别受代码更改影响的分支和数据流。定向增量符号执行[68,70]静态标识受代码更改影响的控制流图节点,并利用该信息驱动符号执行引擎探索还未覆盖的受代码更改影响的节点序列。

软件演化过程中的版本差异通常比较小,因此对新版本执行增量式的分析可以有效地减小分析范围,从而缓解或者避免路径爆炸问题。增量组合符号执行技术[70]结合了增量式与组合式方法的特点。在检查新版本之前,该方法首先静态验证旧版本的函数摘要合法性,而在检查新版本时只需要计算代码更改影响的函数摘要,重复使用通过验证的函数摘要。而按需自动化测试方法根据程序的更新构造精简的测试流程图,并采用按需方式遍历路径,最终生成覆盖程序更新影响路径的精简测试用例集合[69]。

还有一类方法是先在第一次符号执行分析被测程序时缓存相关执行信息,然后在后续分析时重复使用以避免重复分析相同部分[74]。该方法可以有效应用于程序的深度遍历及回归测试等场景。但是该方法只使用语法分析标识受代码影响的执行路径,因此它可能会重复分析某些语义并未修改的执行路径。

6. 编译器优化

与广泛采纳的启发式搜索及状态合并等方法类似,程序优化及代码转换也会对符号执行引擎实现产生重要的影响[75-76]。事实上,程序转换会影响路径探索过程中产生约束的复杂性和路径探索的效率。此外,switch 语句的高级编译方式也会极大地影响路径遍历效率,使用条件指令(如 LLVM 中的 select 指令或者 x84 中的 cmov 指令)可以通过生成简单的 ite 表达式来避免成本昂贵的状态分叉。

虽然编译器优化的效果通常可以用运行时执行指令的数量来预测,但类似预测并不适用于符号执行效率的预测[77],因为符号执行通常将约束求解器当作黑盒使用。目前只有少数工作试图分析编译器优化及代码转换对约束生成和路径探索的影响[77-78],因此该方面仍然有很多待研究的问题。文献[79]利用动态常量折叠的程序转换技术以及优化约束编码来加速符号执行中的内存操作分析。

3.2.7 目标导向与启发式策略

在分析实际程序时,符号执行难以实现全路径搜索,因此针对具体分析目标设计有效的启发式路径搜索策略非常重要。例如,很多方法提出了有效的高代码覆盖率路径搜索策略[10,80]。具体地,工具 KLEE 实现这样一种路径搜索策略:它根据控制流程图计算从某个执行点到达下一条还未被覆盖指令的距离,并优先探索离未覆盖指令最近的执行路径。该策略还被文献[81]进一步改进,可在优先遍历未覆盖指令的同时优先遍历执行最少次数的指令。此外,也有研究工作通过控制符号执行中维护的符号状态数量或者比例,快速增加分支覆盖率或者快速查找错误[82]。一种方法是基于正则属性指导的动态符号执行方法指导符号执行尽量去寻找满足自动机所描述属性的执行路径[83]。还有一种方法是使用已遍历的长度为 n 的子路径的频率分布来优先提升程序中"较少经过"部分的优先级,以提高测试覆盖率和错误检测准确性[83]。这类方法适用于目标明确的程序分析与测试,可以根据不同的测试目标设计不同的启发式指导函数。

针对有具体覆盖目标的符号执行,Krishnamoorthy 等人提出了两种有效的启发式策略:可达性指导策略与冲突驱动的回溯策略[84]。可达性指导策略指导符号执行避免遍历肯定不会覆盖测试目标的路径;而冲突驱动的回溯策略则在产生不可达路径时分析对应的冲突原因,并用其指导符号执行分析非时序的分支回溯,以避免产生多条不必要的不可达路径。

还有一类基于随机策略的路径遍历策略也被证明是有效的[10,80],这类方法在程序分支语句处随机选择优先遍历"then"或者"else"分支。也有研究将符号执行与随机测试方法相结合[66],这类方法既具有随机方法快速到达深度执行状态的优势,也拥有遗传进化方法能有效搜索给定状态"附近"状态的能力。

总之,传统的符号执行是按照深度或者广度优先的搜索策略依次遍历程序的每条执行路径,而启发式搜索指导的符号执行技术的主要目的并不是遍历所有的执行路径,而是尽早遍历"重要"的执行路径,从而保证在时间与计算资源的限定下尽量多地遍历"重要"的执行路径。因此,根据具体的实际需求来确定恰当的启发式函数是启发式策略的关键,它极大地影响着实现测试目标的效率。这类方法适用于"目标"明确的程序分析与测试,例如,根据不同的测试目标(如语句覆盖准则、分支覆盖准则等)设计不同的启发式指导函数。

3.2.8 增量符号执行

DiSE[68]是被最先提出来的有效增量符号执行技术,该技术通过执行静态分析来识别受给定程序变化影响的语句,并使用它们来指导后续的路径探索,以遍历受到变化影响的不同路径序列。DiSE 通过只考虑受到变化影响的路径来指导更新程序的符号执行。然而,关于变更语句的静态信息计算往往会导致 DiSE 探索许多实际并未受到程序变更影响的路径,而这一影响在高度耦合的程序中更为明显。

除了 DiSE[71]之外,近年来也有许多针对增量程序测试验证的工具涌现[72,85-101],其中大部分工具都基于符号执行技术。差分符号执行[85]使用方法摘要来描述程序的语义行为,并通过在定理证明程序的支持下比较两个方法摘要来识别语义差异。影子符号执行(Shadow)[86]通过在相同的符号执行实例中执行旧程序及其迭代版本,以识别两个程序版本之间的不同行为,并在此基础上生成新的测试用例来描述每个差异行为。该方法虽然有效地减少了程序的搜索空间,但是需要被检查程序的测试套件,并且其有效性和性能在很大程度上取决于初始输入。

记忆符号执行(Memoise)[74]能够在不同的场景(如深层迭代和回归分析)中有效地重用符号执行结果。该方法在字典树(一种基于树的高效数据结构)中存储符号执行期间的位置和选择。当应用于回归分析时,该方法利用静态代码分析技术来识别受影响的字典树节点,并用于指导符号执行,以只执行包含受影响字典树节点的路径。虽然 Memoise 可以降低在遇到受影响节点之前探索路径前缀的约束求解成本,但需要对原始程序版本进行符号执行。MoKLEE[102]的主要目标是,即使在很短的时间内耗尽了所有可用内存,也可以实现符号执行。该方法类似于 Memoise[95],基于存储在探索过程中构造的执行树来修剪路径。

RWset 分析[43]一旦确定当前路径与探索过的某个路径等效,就会终止探索该路径,该方法在每个程序点上维护路径约束缓存,并在发现缓存命中时删除当前路径。除此之外,后置条件符号执行[49,103]也是一种删除冗余路径的方法,该方法可以识别和消除多个测试运行实例共享的公共路径后缀。具体而言,除了像传统符号执行中在每个分支位置确定一个特定的分支是否可行之外,该方法通过计算最弱前置条件来总结以前探索的路径,以检查该分支是否已经被之前的路径所探索。

基于程序分区的验证(PRV)[101]是一种渐进回归验证的方法,该方法与 Shadow 类似,需要在初始的和更改的程序版本上执行符号执行。KATCH[97]是一种基于符号执行的测试软件补丁的自动化生成技术。它并不验证整个输入空间,而是基于现有测试套件生成新的输入,以覆盖给定更改的所有行,增加现有手动测试套件的补丁覆盖范围,并及时在它们被引入时发现错误。

增量符号执行还与变更影响分析(CIA)有关,该技术可以确定受程序变更影响的程序语句。目前大部分工作都是在粗粒度的水平上进行分析,以保持分析的可靠性。也有研究人员提出了一些细粒度技术来提高 CIA 分析的精度[104],使用静态计算的等价关系,从而在不牺牲可靠性的情况下改变程序语义。该方法通过对一个程序执行数据流分析,沿着数据流和控制流边缘传播程序更改信息,在指令级别上执行 CIA。

3.2.9　并行符号执行

随着多核架构及多核技术的发展,符号执行并行化[105-107]也成为一种有效的缓解路径爆炸的方法。符号执行并行化的关键在于如何有效地分配每个节点的路径遍历任务,并通过并行路径遍历提高符号执行效率,进而缓解路径爆炸问题。

符号执行任务的拆分实际上是对程序符号执行树的拆分,让不同节点并行遍历原执行树的不同执行路径。最直观而简单的符号执行任务拆分方法是用程序的不同前置条件划分符号执行树[107],并让不同的并行节点遍历满足不同前置条件的路径集合。

Bucur 等人实现了一种分布式符号执行框架 Cloud9[11,105],使每个节点独立执行符号执行遍历。Cloud9 在遍历过程中执行动态执行树划分,并通过负载均衡器调节各个工作节点之间的任务负载。当新的工作节点加入时,均衡负载器也会动态分配任务给新加入的节点。

3.3　软件错误定位方法

软件错误调试通常包含两个重要阶段:错误定位与错误修复。错误定位分析并标识导致错误发生的语句集合,随后调试人员在理解标识语句的基础上修复错误语句。目前大多数相关研究都主要关注第一个步骤,即标识可疑错误语句。在通常情况下,这些方法都会给每个可疑语句计算一个错误概率,并根据该概率对这些语句排序,从而指导开发人员优先检查有更大错误概率的程序语句。第一个步骤的准确性直接影响第二个步骤中对错误形成原因的理解及正确修复。接下来,本节将介绍程序错误定位的相关研究。

3.3.1　基于切片的错误定位

程序切片[108-109]是最普遍的程序调试方法。指定语句的静态程序切片包含所有可能影响该语句包含变量取值的执行语句。该指定语句或其包含的程序变量被称为程序切片的切片准则[62]。通过程序切片缩减错误定位搜索空间的主要思想是:如果某个测试用例因为某个程序语句中变量的错误取值而失败,那么缺陷一定在以该语句及包含变量为切片准则产生的切片中。显然,错误定位分析可以安全地将搜索范围限定在该程序切片内,而不需要在所有程序语句中盲目搜寻。

文献[110]提出一种通过计算两种静态程序切片的差集进一步限定错误语句搜索范围的分析方法。然而静态切片的最大缺陷是,它可能包含大量与错误无关的语句,因为静态分析无法估计程序实际执行中的变量取值。为了弥补这一缺陷,大量的错误定位研究方法[111-115]使用动态切片技术[116]。动态切片技术[117]作为一种代价非常小的程序分析技术被广泛使用。然而,它生成的动态切片仍然含有大量语句执行实例。而且动态切片无法分析执行省略错误,即因为未执行某些语句而引起的错误。为了处理这类问题,研究人员提出了相关切片[118],该技术通过考虑程序语句间可能存在的相互影响来扩展动态切片。然而,该扩展导致更多的语句实例被标识为与错误相关的,从而导致最终切片更为庞大。针对该问题,一些研究工作提出隐含依赖的概念,并通过有指导的程序执行消除不必要的依赖[119]。然而,其结果的精确性仍然无法使其有效应用于实际的软件错误定位中。基于程序切片的错误分析通常更适合与其他错误定位分析方法相结合,例如,将程序切片分析与程序执行信息的统计分析相结合[120,121]。

切片技术的另一个问题是,它产生的切片通常都是一个按照执行顺序排列的执行语句实例序列,而无法向调试人员提供任何其他的结构信息。而本书第 7 章与第 8 章描述的错误定位方法会产生一个有结构的错误原因树,它在给出多个独立的、可能的错误原因的同时,通过树结构展现各个原因之间的因果联系。分析有结构的原因树与无结构的语句列表的区别类似于,分析 10 个结构化的函数(每个函数包含 100 行程序代码)与一个含 1 000 行程序的单一程序实现。

3.3.2 基于程序状态的错误定位

程序状态描述了某个执行点的各变量取值,它们是定位程序错误的关键信息。基于程序状态的错误定位分析方法通过修改某些变量的取值,确定导致错误程序执行发生的原因。Delta 调试[122]是 Zeller 等人提出的一种基于状态的调试方法。该方法主要通过比较成功执行与失败执行的程序状态,将可能的错误原因限定在一个较小的变量集合中。程序变量与错误的相关性分析是这样执行的:将成功执行中的变量值替换为它在失败执行中相应执行点的取值后继续执行该程序,如果后续执行出现相同错误,该方法则认为该变量与产生错误相关。

文献[123]在 Delta 调试的基础上提出一种标识失败原因在变量间迁移的执行位置及时间的分析方法。它是一种全自动的错误定位分析方法,它会定位与失败执行相关的输入变量及其输入值。该方法基于反复试错的分析技术不断缩小成功执行状态与失败执行状态之间的差异。因此它在完成定位错误前需要多次运行被测程序。文献[124]提出的基于测试用例生成的全自动错误定位方法不断产生新的执行路径,以指导失败原因的系统化分析与隔离。这两种方法都基于反复试错的分析思想,因此都需要产生并执行大量的测试输入。然而这两种方法只能发现异常事件与失败之间存在一定的关联,并不能确定它们之间的因果关系。这两种方法存在两个方面的问题:首先是原因迁移的分析代价较高;其次是标识的错误原因的迁移点可能并不是真正的错误发生点。Gupta 等人提出错误指导的程序分析方法并用其来解决前一问题[125]。该方法首先使用 Delta 调试标识导致错误发生的输入输出变量,然后为这些变量计算动态切片,最后输出的疑似错误代码为标识输入变量的前向切片与标识输出变量的后向切片的交集。

基于谓词切换的错误定位方法[126]通过强制改变错误执行中的分支取值来判断错误与谓词取值之间的关系。如果改变某个谓词的取值能使原来失败的程序正确执行,那么该谓词被标识为与错误相关的关键谓词。文献[127]提出的错误定位方法自动分析失败执行路径,修改该路径上的分支执行结果以产生一个成功程序执行,并将被改变结果的分支语句标识为错误失败原因。

还有一类基于约束求解的错误定位分析方法,如 BugAssist[19,128]。BugAssist 首先将错误执行路径编码为一个不可满足的扩展路径公式;然后利用求解器标识满足这样要求的语句集合:计算给定导致错误发生的测试输入驱动下保证程序正确运行的最大语句集合;最后将该语句集合关于整个程序语句集合的补集作为错误相关语句集合反馈给调试人员。但是 BugAssist 并不会像本书第 7 章介绍的错误定位方法那样尝试计算所有可能的错误原因,也不会给出额外信息来解释错误与原因之间的因果关系。

Ermis 等人引入错误不变量以解释错误执行路径中与错误无关的部分[129]。该方法随后被 Christ 等人改进[130],他们引入流敏感路径公式的概念解释错误执行路径中与错误相关的语句。还有一种基于插值的方法利用最小不可满足核心为错误执行路径计算最小的错误相关切片[131]。但是,这两种方法都不会系统化地产生所有可能的错误原因。而且这些方法依赖 Craig 插值方法[132],而该技术需要特殊的 SMT 求解器的支持。

也有大量基于程序状态分析的自动化程序修复的相关工作[126,133-136],这些工作通常带有更高的分析目标——执行程序的自动化修复。它们通常引入辅助变量以控制某些程序语句以及分支条件的行为,使用约束求解器分析修改后的程序,并根据分析结果确定辅助变量的值。而辅助变量的位置和取值则表示了需要修改的程序语句及可能的修改方式。此外,自动谓词切换技术[126]可以在运行过程中修改控制流,从而期望程序能成功执行并结束。总之,当前的自动化程序修复技术仍然处于发展的初始阶段。因为在不知道程序开发人员设计意图的情况下,自动化的错误修复方法只能尝试一些已知的错误模式,所以在大多数情况下它们只能简单地回避错误的发生,而不是真正地修复错误。

3.3.3 基于统计分析的错误定位

程序的执行频谱记录程序在某方面的执行信息,它是一种有效的程序行为跟踪方法[137-138]。当执行失败时,这些信息可以用于标识可能导致错误发生的程序语句。基于频谱分析的错误定位方法利用程序执行中收集的各种频谱信息及相应的程序执行结果定位可疑的错误程序组成部分。程序的频谱信息可以是任何可能存在粒度,如被广泛使用的执行切片[139]或者条件分支的执行信息[140]。在收集必要信息后,这类方法使用各种公式评估每个程序组成部分(如程序语句)出错的概率,并对它们进行排序。

很多错误分析方法是基于成功程序执行与失败程序执行的比较展开的[29-31,141-145]。对于一个给定的错误执行路径,这类方法通常首先找到与失败执行路径最为接近的成功执行路径,然后标识失败执行路径与成功执行路径之间的区别,并将其作为错误发生的解释。

错误分析方法[30]依据给定的距离准则从大量正确执行中选择与错误执行最相似的执行路径,比较这两条执行路径的频谱信息并产生对应的错误报告。该方法认为,在失败测试中被执行但在成功测试中未被执行的程序语句更值得怀疑。一种基于控制流比较的分析方法[146]在考虑执行语句集合时还会考虑语句的执行序列。基于可能程序不变量[147]的错误定位方法利用程序不变量标识错误执行路径与成功执行路径之间的差别。该方法首先从一系列成功执行路径中提取程序不变量,然后用于错误执行路径的分析。错误执行路径所违反的程序不变量被当作错误发生的候选原因,它使用动态切片技术以及其他启发式方法进一步分析并裁剪标识的候选原因。文献[139]提出一种更灵活的标识与失败执行相近的成功执行的方法。该方法首先选取一个非常小的可疑代码集合,然后在需要的时候基于程序块间的数据依赖信息逐渐增加搜索范围。然而,这些方法的有效性严重依赖测试用例集的质量,如测试用例的数量以及它们对程序的覆盖率等。

Tarantula[148]是一种典型的基于程序频谱分析的错误定位方法,它主要基于语句覆盖与执行结果计算每条语句的怀疑度。而怀疑度的计算公式为 $X/(X+Y)$,其中 X 表示执行该语句的失败执行数与所有失败执行数的比值,而 Y 表示执行该语句的成功执行数与所有成功执行数的比值。Tarantula 存在的最大问题是,它并不会区分不同的失败执行或者不同的成功执行。文献[148]在西门子程序上分析了 Tarantual 在错误定位上的有效性。其实验结果表明,Tarantual 比基于最近邻居[30]的分析方法更有效。

另一种有效的错误定位方法[149]主要关注两个重要问题:首先是如何使用每个失败测试用例定位程序错误;其次是如何使用额外的成功执行来帮助错误定位。该方法主要基于这样的思想:对于给定的程序语句,第一个执行该语句的失败测试用例计算其含缺陷可能性的贡献大于或者等于第二个执行该程序语句的测试用例。第二个执行该语句的失败测试用例计算其含缺陷可能性的贡献大于或者等于第三个执行该程序语句的测试用例,依此类推。而该原则也同样适用于成功执行用例对被分析程序语句含缺陷的贡献计算。实验结果及经验研究表明,在通常情况下该方法比 Tarantula 更有效。

还有一类基于记录的谓词执行情况展开的错误定位分析研究[150-151]。这类方法通常被称为统计调试方法,因为它们往往会使用统计方法分析记录的信息,如记录程序不变量(在程序执行中需要满足的程序属性)的覆盖情况[152]。这类方法通过找出在失败执行中违反的程序属性来定位缺陷位置,它们的最大困难是如何自动发现错误定位所需要的程序属性。另外,有些方法会收集函数执行中的函数调用序列[153-154],这些信息非常有利于面向对象程序的错误定位分析。事实上,在某些情况下即使错误代码被执行也不会触发错误,错误的触发需要在某个对象上执行特定的方法调用序列。Liblit 等人基于谓词执行信息的分析提出一种统计调试方法[150]。对于关注的每个谓词 P,该方法计算两个值。一个值 Failure(P)表示谓词 P 取值 true 时隐含错误的概率,而另一个值 Countext(P)表示谓词 P 的执行隐含错误的概率。谓词与错误的相关性则通过这两个值的比较来展开。

随着越来越多基于频谱分析的错误定位方法的提出,后续出现了一些关注这些错误定位方法有效性的研究[155-159]。其中大部分工作都是基于实验对比各类分析方法[155-157],少数工作尝试通过理论分析讨论它们的优劣[159]。

3.3.4 基于人工智能的错误定位

基于机器学习的程序频谱分析方法也是一个重要的错误定位研究方向[144,160-161]。机器学习是一种研究通过经验来提高自动化分析的算法。它是一种基于数据产生相应模型的自适应性算法,因为它只需要少量的人工干预。

机器学习已经在很多领域得到大力发展,如自然语言处理、密码学、生物信息学、计算机视觉等。目前已有很多研究工作将各种机器学习技术应用于错误定位分析,如神经网络[160]、SVM[162]、N-gram[163]数据挖掘等。将机器学习方法应用于错误定位的主要目的是,希望该技术能根据输入数据(如语句覆盖信息)执行有效的学习并用于错误语句推断。

文献[160]提出一种基于后向传播神经网络的错误定位方法。后向传播神经网络是在实际应用中非常流行的神经网络模型。该方法为每个测试用例收集覆盖数据(例如,每个测试用例分别覆盖的语句序列)以及对应的程序执行结果(例如,执行成功或者执行失败)。这些收集的数据会被用于后向传播神经网络模型的训练,从而让神经网络能学习各程序执行之间的关系。它的最终输出是每条语句含有缺陷的概率。文献[162]利用类似面向对象程序的思想扩展向后传播方法,同时使用 SVM 模型执行错误定位分析。

针对向后传播神经网络的网络瘫痪缺陷,文献[164]提出一种基于径向基函数网络的错误定位方法。该方法在受到较少相关问题影响的同时拥有更好的学习率。Briand 等人提出使用决策树算法将测试用例进行分类,从而使相同划分中的失败执行用例以较大概率因相同缺陷导致失败[165]。在每个划分中失败与成功执行的语句覆盖用于当前划分对应的语句排序,其排序准则类似于 Tarantula 所提出的计算方法。

Brun 等人使用机器学习构建的学习模型区分缺陷程序与非缺陷程序[161]。该方法的基本假设是,通常的程序属性(如初始化的变量)可能预示程序实现缺陷。因此,正确与错误程序的属性都会用于模型的构建。在分类阶段的输入是新程序的属性,输出是根据这些属性与错误程序之间关系的强弱来排序后的属性。

与机器学习类似,数据挖掘方法尝试通过从收集的数据中提取相关信息,以构建一个具体的分析模型或者规则。数据挖掘方法通常能发现一些由独立手动分析难以发现的隐含模式。程序错误定位问题可以被抽象为数据挖掘问题。例如,错误调试人员期望能标识导致程序错误的语句执行模式。

尽管在软件测试阶段收集的完整执行路径信息对于错误定位分析非常有价值,但是海量的数据信息在实际处理中往往让分析人员困惑,而此时数据挖掘技术的应用显得尤为必要。Nessa 等人提出的方法首先从路径执行序列信息中产生长度为 N 的语句序列[163]，然后从失败执行路径中寻找出现频率大于某个阈值的序列。该方法采用统计分析决定当某个语句序列出现时该执行会失败的条件概率，这个条件概率被称为对该语句序列的"信任概率"。最终，该方法输出以信任概率降序排列的语句片段序列。实验结果表明，该方法在错误定位分析上比 Tarantula[148] 更有效。

3.3.5　演化软件错误定位

演化软件错误定位方法的研究对象是在程序演化过程中产生的错误。演化分析场景下的错误调试可以使用一个非常重要的信息，即错误程序版本以往的正确实现版本。因此，开发人员可以通过其正确实现版本窥探错误程序所"期望"的正确实现，从而帮助调试人员开展更有效、更准确的错误定位分析。

目前已有的大量演化软件错误定位方法是基于试错法的动态分析，其中最早的工作是由 Zeller 等人提出[136,166-167]、被大家所熟知的 Delta 调试方法。而该方法已经与其他各种技术相结合以进一步提升算法的准确性以及效率，包括利用执行覆盖信息的增强型 Delta 调试方法[168-170]、基于双边切片的方法[171] 以及基于层次化信息的方法[172]。这类方法主要依赖动态分析结果。

另一种有影响力的演化软件错误调试研究是基于语义分析展开的。例如，DARWIN[141] 基于这样的假设：正确执行路径与错误执行路径对应的路径条件是不相同的。通过比较两个路径条件，DARWIN 可以有效地标识控制逻辑错误。然而，DARWIN 并不能有效地发现其他程序错误（如赋值语句中的错误），因为这些错误可能并不会改变控制流。Banerjee 等人提出了一种对 DARWIN 的改进方法[32]，该方法的主要思想是：对程序的正确实现与错误实现版本的执行路径展开动态切片以及符号执行分析，以计算错误发生条件的最弱前置条件。最后，通过比较两个最弱前置条件的不同，标识对软件错误有贡献的代码语句集合以形成最终的错误分析报告。

基于程序执行中异常事件标识的错误定位方法[173-175] 依赖这样的假设：很少发生的事件很可能就是错误的。这类方法的一个代表性工具是 RADAR[174-175]，它首先推导正确程序版本的多个模型，然后将它们与失败的执行相比较，以标识一条疑似异常事件链。这类技术能发现异常事件与发生错误之间存在联系，但是无法获知它们之间的因果关系。

本 章 小 结

　　本章首先概述了软件测试与错误定位技术的研究背景,然后分别介绍了两种技术当前的主要分析方法及手段,为后续章节将要介绍的方法提供更为详细的研究背景介绍以及相关工作比较。

第 4 章

基于执行路径的最弱前置条件计算

4.1 最弱前置条件概述

程序在执行前后的状态分别被称为初始状态和终止状态,不接受任何外部输入的顺序程序的终止状态取决于其初始状态。通常,初始状态是对程序输入(或者参数)的描述,而终止状态是关于程序输出的描述。对于某个程序(或者程序片段),前置状态与后置状态分别用于描述在其执行前的初始状态以及执行后的终止状态。

通常,我们用前置条件与后置条件描述给定的前置状态与后置状态集合,并且可以基于前置条件(后置条件)计算对应的后置条件(前置条件)。具体地,满足某个给定后置条件的前置状态集合为:在集合上执行程序(或者程序片段)产生的后置状态集合满足给定的后置条件。而描述该前置状态集合的约束条件被称为给定后置条件关于该程序(或者程序片段)的前置条件;描述所有满足此要求的前置状态的前置条件则被称为该后置条件对应的最弱前置条件。"最弱"是因为越弱的条件能包含越多的程序状态,因此最弱前置条件保证包括了所有能满足要求的前置状态[176]。

形式化地,对于程序(或者程序片段)S 以及期望满足的后置条件 R,最弱前置条件被定义为:$WP(S,R)$。如果前置状态满足约束 $WP(S,R)$,那么在执行 S 后的后置状态则满足约束 R。同时,如果前置状态不满足 $WP(S,R)$,则要么后置状态不满足 R,要么满足该前置状态的执行在执行 S 中的语句时会进入错误执行状态。显然,可以通过推导关于任何后置条件 R 的最弱前置条件 $WP(S,R)$ 来从各个不同方面分析程序 S 的语义。在通常情况下,程序分析人员都只会关注程序在某个方面的语义。

4.2 最弱前置条件计算

静态程序语句可能在具体的程序执行中被执行多次(如循环或者递归函数中的程序语句),相同程序语句的不同执行被称为该语句的不同执行实例。具体地,我们将程序的执行路径定义如下。

定义 4.1(执行路径) 对于由语句序列 $\langle s_1, \cdots, s_n \rangle$ 组成的程序 P,它的执行路径可以表示为 $\pi^{1,n} \leftarrow < s_e^1, \cdots, s_j^i, \cdots, s_m^n >$,即该路径由 n 个语句执行实例组成。每个 s_j^i 表示程序语句 s_j 的第 i 次执行实例。

为了便于表达,在保证上下文清晰明确的前提下,我们直接用程序语句表示语句执行实例,并省略执行实例表示中的下标,即将执行路径表示为 $\pi^{0,n} \leftarrow < s^0, s^1, \cdots, s^i, \cdots, s^n >$。其中,$s^0$ 表示所有输入变量等于测试用例对各变量初始值的设定。另外,我们使用 $\pi^{i,j}$ 表示执行路径片段 $< s^i, \cdots, s^j >$,其中 $0 \leqslant i, j \leqslant n$。谓词 $\varPhi$ 关于指令实例 s 的最弱前置条件被表示为 $\mathrm{WP}(s, \varPhi)$。它表示为了保证在执行语句 s 之后的程序状态满足谓词 $\varPhi$,需要保证在执行语句 s 之前的程序状态满足的最弱约束条件。

最弱前置条件的计算可以基于程序源码、中间代码或者二进制代码展开。本书主要讨论基于 LLVM 编译框架的程序分析技术,因此我们将介绍基于 LLVM 编译器编译 C/C++ 程序生成的中间代码的最弱前置条件计算方法。为了简化描述,我们主要考虑执行路径中可能包含的以下几种指令类型。

- 赋值语句“v:=e”,其中 v 表示程序变量,e 表示没有任何内存操作的表达式。
- 分支语句“assume(c)”,其中 c 表示分支语句的谓词条件,如来自源程序的 if-else 分支语句的某个分支(包括 then 分支或者 else 分支)。

为了处理指针解引用,我们为每个指针解引用的内存地址添加一个辅助变量 $\&m_i$。例如,在执行语句“int * p=malloc(2 * sizeof(int))”时会生成 $(p = \&m_0 \wedge p+1 = \&m_1)$,其中 m_0 与 m_1 为整数,而 $\&m_0$ 与 $\&m_1$ 表示它们的地址。在沿着程序的一次具体前向执行路径计算最弱前置条件时,我们已知所有指针的具体值。换句话说,该执行路径上的所有别名信息在展开反向最弱前置条件计算时都是已知的。例如,当指针 pp 指向 m_1 时,赋值语句“* pp:= x”可以表示为“assume(pp == \&m_1),m1:=x”。类似地,语句“if(* pp==3)”可以被表示为“assume(pp=\&m1),assume(m1==3)”。

本书使用的最弱前置条件定义是在最初由 Dijkstra[176] 提出的定义上扩展而来的。由于指针相关的操作可以被 assume 以及赋值语句的组合来表示,因此基于执行路径的最弱前置条件的定义也变得非常直接。

定义 4.2(基于执行路径的最弱前置条件) 根据下面的规则,谓词 Φ 关于执行路径 $\pi^{i,j} \leftarrow <s_i, \cdots, s_{j-1}, s_j>$ 的最弱前置条件 $\mathrm{WP}(\pi^{i,j}, \Phi)$ 被定义如下。

- 规则 1:指令序列 $\pi^{i,j}$ 的最弱前置条件为 $\mathrm{WP}(\pi^{i,j}, \Phi) = \mathrm{WP}(\pi^{i,j-1}, \mathrm{WP}(s_j, \Phi))$。
- 规则 2:如果 s 为赋值语句"$v := e$",那么 $\mathrm{WP}(s, \Phi) = \Phi(e/v)$,其中 e/v 表示将变量 v 的值替换为表达式 e。
- 规则 3:如果 s 为条件语句"assume(c)",那么 $\mathrm{WP}(s, \Phi) = \Phi^{\frown}c$。

表 4-1 描述了将定义中的规则应用到一个具体程序执行路径上的分析过程。第 1 列描述在测试输入 $<x=2, y=3>$ 驱动下的执行路径 $<0,1,2,3,4,5,6,8>$ 经过的程序语句,第 2 列描述该路径经过的一系列 assume 以及赋值语句。该执行路径在语句 8 的 assert 语句处停止,因为 $*pp$(别名为 m_1)的值为 4 而并非期望的值 3。为了计算语句 8 处条件 $m_1 = 3$ 的最弱前置条件,我们需要从该条件出发沿着执行路径展开反向分析与计算。第 2 列表示在最弱前置条件计算过程中分析每条执行实例时所采用的规则,即每条执行指令对 WP 计算产生的影响。其中,U 表示表达式的替换,A 表示添加新的约束条件。第 4 列描述在执行路径的每个执行语句点处得到的最弱前置条件。需要注意的是,我们在第 6 行处加入新条件 $x \leqslant 4$ 而不是 $x > 4$,因为当前分析的执行路径是经过等价于语句 assume($x \leqslant 4$)的 else 分支。最后,沿着该执行路径计算期望约束 $m_1 = 3$ 的最弱前置条件为 false(步骤 12),即没有符合要求的前置状态。

表 4-1 基于执行路径 $<0,1,2,3,4,5,6,8>$ 的最弱前置条件计算

路径语句	执行实例	规则	最弱前置条件
0:x=2,y=3	$x:=2, y:=3$	U:2/x,3/y	步骤 12:$2+2=3 \wedge$ true $\wedge 2 \leqslant 4 \wedge$ true $\wedge$ true
1:p=malloc(2 * sizeof(int));	$p:=\&m_0$ $p+1:=\&m_1$	U:$\&m_0/p$ U:$\&m_1/p+1$	步骤 11:$x+2=3 \wedge$ true $\wedge x \leqslant 4 \wedge \&m_0 = \&m_0 \wedge$ true 步骤 10:$x+2=3 \wedge \&m_1 = \&m_1 \wedge x \leqslant 4 \wedge p = \&m_0 \wedge \&m_1 = \&m_1$
2:* pp=p+1	$pp:=p+1$	U:$p+1/pp$	步骤 9:$x+2=3 \wedge p+1 = \&m_1 \wedge x \leqslant 4 \wedge p = \&m_0 \wedge p+1 = \&m_1$
3:x=x+2	$x:=x+2$	U:$(x+2)/x$	步骤 8:$x+2=3 \wedge pp = \&m_1 \wedge x \leqslant 4 \wedge p = \&m_0 \wedge p+1 = \&m_1$
4:p[1]=x;	assume($p+1 = \&m_1$) $m_1:=x$	A:$p+1 = \&m_1$ U:x/m_1	步骤 7:$x=3 \wedge pp = \&m_1 \wedge x \leqslant 4 \wedge p = \&m_0 \wedge p+1 = \&m_1$ 步骤 6:$x=3 \wedge pp = \&m_1 \wedge x \leqslant 4 \wedge p = \&m_0$

续 表

路径语句	执行实例	规则	最弱前置条件
$5:p[0]=y;$	$\text{assume}(p=\&m_0)$ $m_0:=y$	$A:p=\&m_0$ $U:y/m_0$	步骤 $5:m_1=3 \wedge pp=\&m_1 \wedge x \leqslant 4 \wedge p=\&m_0$ 步骤 $4:m_1=3 \wedge pp=\&m_1 \wedge x \leqslant 4$
$6:\text{if}(x>4)$	$\text{assume}(x \leqslant 4)$	$A:x \leqslant 4$	步骤 $3:m_1=3 \wedge pp=\&m_1 \wedge x \leqslant 4$
$7:p[1]=3;$			
$8:\text{assert}(**pp$ $==3);$	$\text{assume}(pp=\&m_1)$ $\text{assume}(m_1 \neq 3)$	$A:pp=\&m_1$ $\Phi:(m_1=3)$	步骤 $2:m_1=3 \wedge pp=\&m_1$ 步骤 $1:m_1=3$

4.2.1 转换实例

为了有效地描述在最弱前置条件计算过程中,赋值语句对执行路径中的谓词转换产生的影响,我们提出了转换实例的概念,其定义如下。

定义 4.3(转换实例 TI) 谓词 p_1 的一个转换实例为执行路径中的某些赋值语句"$v:=e$"、内存读"$v:=[p]$"或者内存写"$[p]:=e$"。其中,v 与 $[p]$ 出现在产生 p_1 的分支条件中或者传递影响谓词 p_1。

例如,赋值语句"$s:x=y+1$"是谓词 $p_1:(x>0)$ 的转换实例,因为 $\text{WP}(s,p_1)$ 的结果为 $p_1':(y+1)>0$。转换实例的定义具有传递性,因为 $\Phi'=\Phi(e/v)$ 与 $\Phi'=\Phi(e_2/v_2)$ 都是 Φ 转换后的结果。然而,只有赋值语句会更新谓词,而分支语句只会增加新的谓词到当前的 WP 公式中,并不能影响已存在的谓词条件。我们可以用 TI_p 表示谓词 p 沿着某个给定路径上的转换实例集合。

4.2.2 关键谓词

下面我们提出用于描述执行路径中分支语句执行实例与其他语句执行实例之间关系的定义——关键谓词。

定义 4.4(关键谓词) 分支实例 s^j 中的谓词条件为某个转换实例 s^l 的关键谓词,如果 s^j 对 s^l 存在以下某种潜在影响:

- 直接影响 $s^j \leadsto s^l:s^j$ 中的谓词条件直接决定 s^l 是否会被执行;
- 间接影响 $s^j \hookleftarrow s^l:s^j$ 中的谓词条件不会决定 s^l 是否会执行,但会决定 s^p 的执行,而且 s^p 会重新定义 s^l 所读取的某个程序变量。

间接影响的定义受相关切片技术提出的隐含依赖定义启发。通过对间接影响的考虑,关键谓词以及转换实例的分析可以捕获更准确的因果分析结果。例如,错误定位方法可以有效地分析执行忽略错误,该错误通常是由未执行某些必要的程序语句而引起的。

4.3 框架设计与实现

本节介绍基于 KLEE 符号执行引擎来实现基于执行路径的最弱前置条件计算框架。KLEE 是时下流行的符号执行引擎,该工具基于 LLVM 编译框架[177]实现。为了减少实际程序分析过程中的限制,KLEE 会为标准的库函数及常用操作系统调用展开建模。具体地,针对 C 语言库函数,KLEE 基于 uclibc 库进行建模并实现的 KLEE-uclibc 库对 C 语言库提供了良好的支持。对于未建模的其他外部函数调用,KLEE 可以使用基于具体值的近似建模。这是一个非常重要而实用的特性,因为系统调用以及外部库函数调用在实际程序中是非常普遍的。同时,为了支持不可满足公式的最小不可满足核心的计算功能,该框架在实现中将 KLEE 使用的约束求解工具 STP[16]替换为 Yices[178]。

具体地,该最弱前置条件计算框架首先将分析的 C 程序转换为 LLVM 中间代码。然后,为了获取完整的动态执行路径,它对转换后的 LLVM 中间代码进行插桩及标号,并在程序路径的遍历过程中记录已遍历指令的标号序列。显然,对于不接受任何外部输入的顺序程序,每个标号序列对应唯一的程序执行路径。

本 章 小 结

本章介绍了最弱前置条件计算的基本原理及计算方法,该技术是后续多个章节所介绍方法的理论基础及重要手段。此外,本章还介绍了与前置条件计算相关的重要概念,以及最弱前置条件计算框架的主要设计思想与实现手段。

第 5 章

基于后缀路径摘要的符号执行加速

5.1 方 法 概 述

基于动态符号执行的测试用例自动生成已经成为各种编程语言实现的实际程序分析测试的一种流行分析技术,它能生成高路径覆盖率的测试用例集。这类方法在执行具体分析的同时展开符号分析,通常在执行环境中精确建模系统调用以及外部库函数调用。阻碍该技术进一步广泛应用的主要问题是路径爆炸问题。

本章介绍一种基于后置条件分析的符号执行加速方法,该方法通过避免重复分析相同后缀路径来缓解路径爆炸问题。具体地,该方法假设被测程序的所有潜在错误都被建模为特定分支条件下可触发的崩溃语句。该方法的提出主要源于这样的事实观察:很多路径后缀都被不同程序执行所共享,而重复遍历这些相同的路径后缀是导致路径爆炸问题的一个重要原因。共享路径后缀的裁剪并不保证相同路径后缀一定不会被再次分析,否则路径遍历将退化为分支覆盖。但是,测试的主要目的就是发现新的程序漏洞,因此当该方法确认某条后缀路径的分析不会发现新的程序行为时,它可以安全地裁剪该路径,而无须重复分析该后缀路径。

为了避免不必要的冗余路径遍历,该方法在程序的每个程序执行点处构造后置条件(无量词一阶逻辑约束公式)来表示从该点出发的已遍历路径后缀的信息。在迭代的测试用例生成过程中,该后置条件会随着新路径后缀的遍历而不断更新。在后续的测试用例生成中,该方法检查当前的路径约束是否蕴涵于该后置条件中。如果是,该方法会立刻停止遍历分析当前路径。

基于前置条件的符号执行技术与基于后置条件的符号执行技术有本质的区别。前者依赖预定义的前置条件约束，而后者依赖动态计算生成后置条件。此外，基于前置条件的符号执行的主要目的是避免分析不满足预定义约束的执行路径，因此无法保证路径覆盖。具体地，如果预置的前置条件为 false，那么该方法不会覆盖任何执行路径。该方法要求谨慎地选择预置的前置条件，因为它直接影响方法的有效性。相反，本章描述的基于后置条件的符号执行与标准的符号执行有相同的路径覆盖能力，因为动态计算的后置条件只会消除冗余路径。

5.2　预 备 知 识

测试用例生成是为输入变量产生具体值，其目标是产生满足不同需求目标（例如，覆盖被测程序的所有可执行语句、分支甚至路径）的测试用例集合。符号执行技术是一种有效的以覆盖执行路径为目标的测试用例生成技术。设程序 P 包含程序变量集合 V 及指令集合 Instr，$V_{in} \subseteq V$ 为输入变量集合。符号执行开始前，集合 V_{in} 中的所有变量被初始化为符号变量。例如，符号变量 $X := \mathrm{symbolic}(x)$ 表示变量 x 的符号值。

假设测试框架所有潜在程序错误都可以通过 abort 指令截获。这时，abort 指令的触发即标识错误。具体地，指令 assert(c) 可以建模为语句"if(! c) abort"，指令"x＝y/z"可以建模为语句"if(z＝＝0)abort；else x＝y/z"，指令"t－＞k＝5"可以建模为语句"if(t＝＝0) abort；else t－＞k＝5"。假设 abort 语句可以出现在执行路径的任意位置，错误检查需要分析所有可执行路径以判断潜在的错误是否有可能在实际执行中发生。

假设 instr∈Instr 为程序指令，而 instr 的一次具体执行实例为一个事件（event），表示为 ev＝＜l，linstr，l'＞，其中 l 与 l' 为指令 inst 执行前后的程序执行点。一个程序执行点 l 是执行路径中的某个具体执行位置，而不是源程序中某条指令的静态位置（如行号）。如果 instr 在同一个执行路径中被多次执行（例如，当 instr 在循环或者递归函数中），那么 instr 的每个执行实例都对应一个独立事件以及不同的执行位置 l 和 l'。

除了第 4 章介绍的指令类型外，为了便于描述，我们在这里增加以下两类指令类型：
- halt：表示正常的程序终止；
- abort：表示错误的程序终止。

当前定义的指令类型足以表达任意 C 语言程序的执行路径。例如，如果指针 p 指向 $\&a$，那么"＊p：＝5；"可以被表示为"if(p＝＝$\&a$) a：＝5；"。如果 q 指向 $\&b$，那么

"q—>x:＝10;"可以被表示为"if(q==&b) b. x:＝10;"。关于符号执行技术对各种语句类型的处理,可以进一步参考关于动态符号执行的文献,如 DART[35]、CUTE[7]、KLEE[10]。

假设 τ 为测试输入,路径 $\pi = l_0 \xrightarrow{e_1} l_1 \xrightarrow{e_2} l_2 \cdots \xrightarrow{e_n} l_n$ 是在测试输入 τ 的驱动下执行的事件序列。路径 π 的后缀为 $\pi^i = l_i \xrightarrow{e_i} l_{i+1} \cdots \xrightarrow{e_n} l_n$,其中 $0 \leqslant i \leqslant n$。如果程序的具体执行可以表示为 (τ, π),那么其对应的符号执行可以表示为 $(*, \pi)$,其中 $*$ 表示任意的测试输入。

算法 5-1 描述了传统符号执行的伪代码(如 KLEE 所实现的算法)。给定程序 P 及其初始状态,该算法不断寻找新的程序路径并产生对应的测试输入,以覆盖所有可能的程序执行路径。如果 π 是程序 P 在某个测试输入下的合法路径,那么符号执行技术会生成具体的测试输入 $\tau \in T$ 以重现该路径。

算法 5-1: 标准符号执行算法 StandardSymbolicExecution( )

1 $init\_state \leftarrow \langle l_{init}, \sigma_{init}, true \rangle$;
2 $stack.push(init\_state)$;
3 **while** $stack$ 不为空 **do**
4 　　$\langle l, \sigma, pcon \rangle \leftarrow stack.pop()$;
5 　　**if** $pcon$ 在 σ 下是可满足的 **then**
6 　　　　**for** $l \xrightarrow{instr} l'$ 事件 **do**
7 　　　　　　**if** 指令 $instr$ 是错误的程序终止 **then**
8 　　　　　　　　**return** $\emptyset$;　//BUG_FOUND;
9 　　　　　　**else if** 指令 $instr$ 是正常的程序终止 **then**
10 　　　　　　　　$\tau \leftarrow solve\ (pcon, \sigma)$;
11 　　　　　　　　$\mathcal{T} := \mathcal{T} \cup \{\tau\}$;
12 　　　　　　**else if** 指令 $instr$ 是分支语句 $if(c)$ **then**
13 　　　　　　　　$next\_state \leftarrow \langle l', \sigma, pcon \wedge c \rangle$;
14 　　　　　　　　$stack.push(next\_state)$;
15 　　　　　　**else if** 指令 $instr$ 是赋值语句 $v := exp$ **then**
16 　　　　　　　　$next\_state \leftarrow \langle l', \sigma[v \leftarrow exp], pcon \rangle$;
17 　　　　　　　　$stack.push(next\_state)$;
18 　　　　**end**
19 　　**end**
20 **end**
21 **return** $\mathcal{T}$;

算法 5-1　标准符号执行算法 StandardSymbolicExecution()

在这里我们用三元组 $<l, \sigma, pcon>$ 来表示符号执行中的程序状态。与第 2 章符号执行状态描述类似,σ 表示内存映射,$pcon$ 表示程序执行中收集的路径条件。不同的是,为便于描述,该方法不在状态中显式描述下一条执行语句 stmt,而是用 l 描述下一条执行语句对应的程序执行点。具体地,程序变量 $v \in V$ 的符号表达式为 $\sigma[v]$。初始状态 $<l_{init}, \sigma_{init}, true>$ 表示路径条件 pcon 为 true,程序的起始执行点为 l_{init}。此外,状态栈

stack 用于存储仍需继续分析的状态集合,它被初始化为只含一个初始状态的集合。在 while 循环中,需要先为 stack 中的每个状态 $<l,\sigma,\text{pcon}>$ 寻找它们的唯一后继状态(当 instr 为赋值语句时)或者多个后继状态(当 instr 为分支语句时),然后更新每个后继状态的路径条件 pcond′ 及执行点 l'。

有 4 种类型的事件会驱动程序从控制点 l 迁移到控制点 l'。

- 当事件为 $l \xrightarrow{\text{abort}} l'$ 时,符号执行发现一个缺陷并终止检查。

- 当事件为 $l \xrightarrow{\text{halt}} l'$ 时,当前符号执行路径已经到达程序执行终点。

- 当事件为 $l \xrightarrow{v:=\exp} l'$ 时,内存映射 σ 被更新为 $\sigma'=\sigma[v\leftarrow\exp]$,即将 σ 中 v 的值更新为表达式 exp。

- 当事件为 $l \xrightarrow{\text{assume}(c)} l'$ 时,将路径条件更新为 $\text{pcon}'=\text{pcon}\wedge c$。

在使用状态栈 stack 存储将要分析的状态集合时,算法 5-1 隐含使用了深度优先搜索(Depth First Search,DFS)策略。因此,在遍历下一条路径之前,它会先完成当前路径的遍历。除了深度优先遍历,其他常用的搜索策略还包括广度优先搜索(Breadth First Search,BFS)策略以及随机搜索(Random Search,RS)策略等。这些策略的选择可以通过将算法中使用的栈替换为队列或者随机访问等数据结构来实现。

算法 5-1 能系统化地产生覆盖限定测试空间内所有可达执行路径的测试输入。然而,即使是一个中型程序,其执行路径条数也是非常庞大的,从而导致符号执行面临严重的路径爆炸问题。本章描述的符号执行加速方法基于这样的观察来缓解该问题:很多程序执行路径都含有相同的路径后缀。因此,在某条路径后缀已经被符号执行遍历后,该方法在特定情况下不需要产生新的测试输入来覆盖相同的路径后缀。

5.3 冗余后缀路径消除

5.3.1 示例程序分析

后置条件驱动的符号执行方法(Postconditioned Symbolic Execution,PSE)的主要目的是裁剪符号执行中可能遍历的冗余路径后缀。在每个分支执行点 l 处,PSE 计算后置条件 $\Pi_{\text{post}}[l]$ 来总结从执行点 l 出发的已遍历路径后缀。当路径到达执行点 l 并收集到路径约束 pcon 时,PSE 检查 $\Pi_{\text{post}}[l]$ 是否蕴涵 pcon,那么符号执行不需要继续遍历该路径。事实上,该蕴涵关系意味着该路径在执行点 l 后不会产生能导致程序崩溃的状态。具体地,PSE 利用最弱前置条件计算用于路径裁剪的后置条件信息 $\Pi_{\text{post}}[l]$。在完成每条新路径遍历之后,该路径上每个分支执行点处的后置条件都会被增量式更新。

下面通过一个简单示例程序阐述 PSE 的基本思想。图 5-1(a)所示程序有 3 个输入变量(a、b、c)以及 3 个连续的 if-else 语句。假设期望生成这样的测试输入集合:每个测试输入包含所有输入变量的具体值,且该测试输入集合能覆盖程序的所有合法执行路径。该程序一共有 $2^3=8$ 条不同的执行路径,传统符号执行方法会为这 8 条执行路径生成 8 个测试输入。图 5-1(b)描述了覆盖该程序的 8 条路径(编号为 P1~P8)。例如,路径 P1 选择了第 1 行、第 3 行以及第 5 行处的 then 分支。本节基于该程序比较传统符号执行与 PSE。

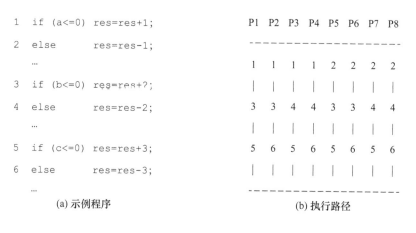

图 5-1 有 3 个分支语句的示例程序与其 8 条执行路径

显然,就像图 5-1(a)中的程序一样,程序的执行路径数会随着分支条件数呈指数级增长(在最坏的情况下所有分支条件都相互独立时)。然而,尽管图 5-1(a)所示程序的 8 条执行路径是不同的,但是它们之间会共享相同的路径后缀。例如,P1 与 P5 共享路径后缀{3,5},而路径 P2、P4、P6 与 P8 共享路径后缀{6}。由于测试的目的是寻找程序中的缺陷,因此在某路径后缀已被遍历的情况下,我们不需要重复遍历不会覆盖新行为的相同路径后缀。

表 5-1 中的第 1~4 列阐述传统符号执行分析图 5-1(a)中程序的情况。具体地,第 1 列表示路径编号,第 2 列表示路径选择的分支序列,第 3 列描述符号执行在每个分支语句处搜集的路径约束条件,第 4 列描述调用约束求解器检查路径约束的可满足性结果。

表 5-1 的第 5~7 列用于阐述本章方法 PSE 的分析情况。第 7 列表示被遍历路径后缀的摘要信息。在每条路径执行终止后,基于最弱前置条件计算的符号执行方法计算各分支语句执行点的摘要信息。该信息用于总结描述从当前执行点出发已遍历的所有路径后缀行为信息。与原来的路径条件 pcon(第 3 列)相比,新的路径条件 pcon′(第 5 列)表示原来的路径条件 pcon 与在执行点 l 处取反的摘要条件 $\neg \Pi[l]$ 的合取公式。值得注意的是,条件 $\Pi[l]$ 是在符号执行完成整条执行路径分析后再计算最弱前置条件来更新的。

表 5-1 图 5-1(a)中程序的符号执行过程

路径编号	分支序列	路径条件 pcon	约束求解（测试生成）	新的路径条件 pcon′	约束求解（测试生成）	后缀摘要 Π
P1	1 3 5	$(a \leq 0)$ $(a \leq 0) \wedge (b \leq 0)$ $(a \leq 0) \wedge (b \leq 0) \wedge (c \leq 0)$	SAT	$(a \leq 0)$ $(a \leq 0) \wedge (b \leq 0)$ $(a \leq 0) \wedge (b \leq 0) \wedge (c \leq 0)$	SAT	$(a \leq 0) \wedge (b \leq 0) \wedge (c \leq 0)$ $(b \leq 0) \wedge (c \leq 0)$ $(c \leq 0)$
P2	1 3 6	$(a \leq 0)$ $(a \leq 0) \wedge (b \leq 0)$ $(a \leq 0) \wedge (b \leq 0) \wedge (c > 0)$	SAT	$(a \leq 0)$ $(a \leq 0) \wedge (b \leq 0)$ $(a \leq 0) \wedge (b \leq 0) \wedge (c > 0) \wedge \neg(c \leq 0)$	SAT	$(a \leq 0) \wedge (b \leq 0) (b \leq 0)$ $(b \leq 0)$ true
P3	1 4 5	$(a \leq 0)$ $(a \leq 0) \wedge (b > 0)$ $(a \leq 0) \wedge (b > 0) \wedge (c \leq 0)$	SAT	$(a \leq 0)$ $(a \leq 0) \wedge (b > 0)$ $(a \leq 0) \wedge (b > 0) \wedge (c \leq 0) \wedge \neg \text{true}$	SAT	$(a \leq 0)$ true true
P4	1 4 6	$(a \leq 0)$ $(a \leq 0) \wedge (b > 0)$ $(a \leq 0) \wedge (b > 0) \wedge (c > 0)$	SAT		(跳过)	
P5	2 3 5	$(a > 0)$ $(a > 0) \wedge (b \leq 0)$ $(a > 0) \wedge (b \leq 0) \wedge (c \leq 0)$	SAT	$(a > 0)$ $(a > 0) \wedge (b \leq 0) \wedge \neg \text{true}$	SAT	true true true
P6	2 3 6	$(a > 0)$ $(a > 0) \wedge (b \leq 0)$ $(a > 0) \wedge (b \leq 0) \wedge (c > 0)$	SAT		(跳过)	
P7	2 4 5	$(a > 0)$ $(a > 0) \wedge (b > 0)$ $(a > 0) \wedge (b > 0) \wedge (c \leq 0)$	SAT		(跳过)	
P8	2 4 6	$(a > 0)$ $(a > 0) \wedge (b > 0)$ $(a > 0) \wedge (b > 0) \wedge (c > 0)$	SAT		(跳过)	

注:SAT 表示约束满足并成功生成测试用例。

最初,在分析第一条执行路径 P1 时,各分支执行点的摘要信息都为空,即 PSE 将所有执行点 l 的摘要都初始化为 $\Pi[l]=\text{false}$。因此,在符号执行第 1 行、第 3 行与第 5 行时得到的路径条件保持不变,分别为 $(a\leqslant0)$、$(a\leqslant0)\wedge(b\leqslant0)$、$(a\leqslant0)\wedge(b\leqslant0)\wedge(c\leqslant0)$。此外,符号执行在第 5 行时会调用求解器求解路径约束 $(a\leqslant0)\wedge(b\leqslant0)\wedge(c\leqslant0)$ 并产生该路径对应的测试输入(例如,$a=0,b=0,c=0$)。

在路径 P1 执行终止后,PSE 沿着路径 P1 反向执行最弱前置条件计算并更新该路径中各分支执行点的摘要信息。在描述具体符号执行加速算法之前,这里首先简单解释第 7 列中的前置条件是如何产生的。在完成路径 P1 的遍历之后,PSE 反向扫描路径 P1 标识路径上最后执行的分支指令(第 5 行处的分支语句)。由于该分支已经被覆盖,因此更新该分支执行点的摘要信息为 $c\leqslant0$。类似地,第 3 行的分支语句在更新后的摘要约束为 $(b\leqslant0)\wedge(c\leqslant0)$,它表示后缀路径 $\{3,5\}$。而第 1 行分支的摘要信息为 $(a\leqslant0)\wedge(b\leqslant0)\wedge(c\leqslant0)$,它对应后缀路径 $\{1,3,5\}$。

路径 P2 从第 6 行的 else 分支开始,在第 5 行处传统符号执行产生的路径约束为 $\text{pcon}=(a\leqslant0)\wedge(b\leqslant0)\wedge(c>0)$。PSE 产生的路径条件为 $\text{pcon}'=\text{pcon}\wedge\neg(c\leqslant0)$,其中 $(c\leqslant0)$ 为已分析后缀路径的摘要约束。由于 $\text{pcon}'\equiv\text{pcon}$,因此 PSE 不会在此处裁剪任何路径。此时,PSE 求解第 5 行处的路径条件并产生覆盖当前路径的测试输入,例如,$a=0,b=0,c=1$。

在结束路径 P2 的分析后,PSE 已遍历由分支条件 $c\leqslant0$ 产生的不同执行路径。由于分支条件 $c>0$ 对应的分支已被遍历,因此 PSE 将第 5 行处的摘要信息更新为 $(c\leqslant0)\vee(c>0)$ $\equiv\text{true}$。同时,PSE 将该信息沿着执行路径反向传播,并在到达第 3 行将对应的摘要信息更新为 $(b\leqslant0)\wedge\text{true}\equiv(b\leqslant0)$。该约束与此处已有的摘要信息 $(b\leqslant0)\wedge(c\leqslant0)$ 合并,将得到更新后的摘要信息 $((b\leqslant0)\wedge(c\leqslant0))\vee(b\leqslant0)$,而该约束等价于 $(b\leqslant0)$。同理,第 1 行处的摘要信息被更新为 $(a\leqslant0)\wedge(b\leqslant0)$。

路径 P3 从第 4 行的 else 分支开始到达第 5 行。由于 PSE 只关注还未被覆盖的路径后缀,因此它会检查 $\text{pcon}'=\text{pcon}\wedge\neg\text{true}$ 的可满足性。其中,$\neg\text{true}$ 表示在路径 P2 终止后更新的摘要条件的取反约束。显然,新的路径约束 pcon' 是不可满足的。PSE 在执行第 5 行前会终止遍历该路径,因为继续分析当前路径不会遍历新的路径后缀及程序行为。此时 PSE 再调用约束求解器求解当前路径约束得到新的测试输入,如 $a=0,b=1,c=*$。该测试输入可能导致第 5 行或者第 6 行的执行,然而其具体选择是无关紧要的,因为它们对应的两个分支都已经被其他测试用例所覆盖。

在路径 P3 分析结束之后,第 3 行处的摘要约束信息被更新为 $(b\leqslant0)\vee(b>0)$,该约束等价于约束 true。而第 1 行处的摘要信息也会被更新为 $(a{\leqslant}0) \wedge (b{\leqslant}0) \vee (a{\leqslant}0)$，该约束等价于 $(a{\leqslant}0)$。因此，PSE 会直接跳过对路径 P4 的遍历分析。

路径 P5 从第 2 行的 else 分支开始，此时的路径约束为 $(a{>}0)$。当该路径到达第 3 行时，裁剪算法会发现约束 $\varphi' = \varphi \wedge \neg$ true 是不可满足的，因此当前路径的分析会在此终止。此时在第 2 行产生的测试输入形如 $a=q, b=*, c=*$，该测试用例表示不关心具体执行会经过从第 3 行开始的哪条路径后缀，因为已有测试用例覆盖从第 3 行开始的 4 条执行路径。

在路径 P5 分析完成之后，算法仍然会更新各执行点的摘要约束信息。更新后所有执行点的摘要约束条件都变成 true，表明已不需要继续进行符号执行分析。因此，在传统符号执行方法中需遍历的路径 P6、P7、P8 在本方法中都会被忽略跳过。

为了便于对本方法的表述与理解，本章采用了这个非常简单的程序，该程序不包含分支条件表达式之间的任何数据或者控制依赖关系。然而，在实际程序分析中，基于最弱前置条件计算的摘要计算较为复杂。本章接下来的部分将描述处理通用程序的符号执行加速算法。

5.3.2　顶层算法描述

算法 5-2 描述了基于前置条件计算的符号执行加速算法伪代码。该算法的整个流程与算法 5-1 描述的传统符号执行算法是一致的。然而，与算法 5-1 相比，该算法有两个重要不同点。

首先，它维护了一个全局的键-值表 $\Pi[]$，它将执行路径中的每个控制点 l 映射到对应的摘要约束条件 $\Pi[l]$，该约束条件描述了从 l 出发的所有已遍历路径后缀。该摘要能用于提前终止部分或者整条执行路径。除了当指令 instr 为 halt 时（第 9 行），该算法会在第 14 行处判断当前状态下公式 $(\text{pcon} \wedge c) \rightarrow \Pi[l']$ 的可满足性，且在其可满足时终止当前路径的执行。这时路径约束 $(\text{pcon} \wedge c)$ 隐含于摘要约束 $\Pi[l']$ 中（当前路径将遍历的后缀路径包含于从 l' 出发的已遍历子路径集合）。因此，它会在此处终止当前路径的分析，并计算当前路径对应的测试用例。

摘要约束信息是由子程序 UpdatePostcondition 在第 12 行与第 17 行创建并更新的。每条执行路径终止后，在当前指令 instr 为 halt 时该算法在第 12 行调用 UpdatePostcondition($\bot$, true)，该程序会从终点 $\bot$ 出发反向分析计算初始逻辑公式 true 的最弱前置条件。第二个摘要约束更新点在第 17 行，即当前执行路径的路径约束由执

行点 l' 的摘要公式所蕴含。这时,该算法调用 UpdatePostcondition$(l', \Pi[l'])$ 从执行点 l' 出发计算最弱前置条件,其初始逻辑公式为执行点 l' 当前的摘要约束公式。而程序 UpdatePostcondition 会沿着当前路径更新所有控制点的摘要信息。

算法 5-2: PostconditionedSymbolicExecution( )

1 $init\_state \leftarrow \langle l_{init}, \sigma_{init}, true \rangle$;
2 $stack.push(\ init\_state\ )$;
3 **while** 栈 $stack$ 不为空 **do**
4      $\langle l, \sigma, pcon \rangle \leftarrow stack.pop()$;
5   **if** $pcon$ 在 σ 下的可满足 **then**
6   **for** 程序执行点 l 的每个事件 $l \xrightarrow{instr} l'$ **do**
7   **if** 指令 $instr$ 是错误的程序终止 ***abort*** **then**
8   **return** $\emptyset$;   //BUG_FOUND;
9   **else if** 指令 $instr$ 是正确的程序终止 ***halt*** **then**
10                 $\tau \leftarrow Solve\ (pcon, \sigma)$;
11                 $\mathcal{T} := \mathcal{T} \cup \{\tau\}$;
12   **UpdatePostcondition** $(\perp,)$;
13   **else if** 指令 $instr$ 是判断语句 $if(c)$ **then**
14   **if** $pcon \wedge c \rightarrow \Pi[l']$ **then**
15                     $\tau \leftarrow Solve\ (pcon, \sigma)$;
16                     $\mathcal{T} := \mathcal{T} \cup \{\tau\}$;
17   **UpdatePostcondition** $(l', \Pi[l'])$;
18   **else**
19                     $next\_state \leftarrow \langle l', \sigma, pcon \wedge c \rangle$;
20                     $stack.push(next\_state)$;
21   **end**
22   **else**
23                 $assert(instr$ 是赋值语句 $v := exp)$;
24                 $next\_state \leftarrow \langle l', \sigma[v \leftarrow exp], pcon \rangle$;
25                 $stack.push(next\_state)$;
26   **end**
27   **end**
28   **end**
29 **end**
30 **return** $\mathcal{T}$;

算法 5-2 PostconditionedSymbolicExecution()

5.3.3 路径后缀描述

已遍历控制点的摘要约束是随着路径遍历而增量式计算并更新的。初始时,每个控制点 l 的摘要约束被初始化为 false,即 $\Pi[l] = \text{false}$。每当完成新路径 π 分析时,加速算法都会基于反向路径 π 计算最弱前置条件并更新 π 中所有分支执行点的摘要约束 $\Pi[l]$(第 4 章已给出了最弱前置条件的定义)。在描述本章加速方法的场景下,它是一个这样的逻辑公式:它表示从当前路径的控制点 l 处开始已遍历的后缀路径。如果 l 为终止语句节点 $\perp$,则初始化为 wp$[\perp]$=true。如果 l 为内部非终止节点且该节点含有已存在的

摘要信息 φ,则初始化为 $\mathrm{wp}[l]=\varphi$。而在点 l 处的最弱前置条件沿着边 $l \xrightarrow{\mathrm{instr}} l'$ 的传播是根据 instr 的具体指令类型按照对应的规则来执行的。

更新 Π 的伪代码由算法 5-3 描述。因为 $\Pi[l]$ 描述了多条后缀路径的信息,因此应该将在控制 l 处新计算的最弱前置条件累加到 $\Pi[l]$ 上,即将其更新为 $\Pi[l]=\Pi[l] \vee \mathrm{wp}[l]$。注意,更新只在 l 为分支语句时执行,因为分支点是唯一可能执行路径裁剪的地方。

算法 5-3: UpdatePostcondition(l',ϕ)

1 将 $path \leftarrow \langle e_1, e_2, \cdots, e_n \rangle$ 为已执行事件栈;
2 $wp[l'] \leftarrow \phi$;
3 **while** 事件 $= path.pop()$ 存在 **do**
4   设 $l \xrightarrow{\mathrm{instr}} l'$ 为当前分析事件;
5   **if** 指令 $instr$ 是赋值语句 $v := exp$ **then**
6         $wp[l] \leftarrow wp[l'][exp/v]$;
7   **else**
8         $assert(instr$ 是判断语句 $if(c))$;
9         $wp[l] \leftarrow wp[l'] \wedge c$;
10        $\Pi[l'] \leftarrow \Pi[l'] \vee wp[l']$;
11   **end**
12 **end**

算法 5-3 UpdatePostcondition(l',φ)

例 5-1   对于 4.2.1 节所描述的例子,在路径 P1 执行完成后,算法 5-2 会调用 UpdatePostcondition,该程序会执行表 5-2 所示的摘要计算。

表 5-2 摘要计算

程序执行点	指令	最弱前置条件	应用规则
l_0	$\xrightarrow{if(a \leqslant 0)}$	$(a \leqslant 0) \wedge (b \leqslant 0) \wedge (c \leqslant 0)$	$\mathrm{wp}[l_1] \wedge c$
l_1	$\xrightarrow{res:=res+1}$	$(b \leqslant 0) \wedge (c \leqslant 0)$	$\mathrm{wp}[l_2][exp/v]$
l_2	$\xrightarrow{if(b \leqslant 0)}$	$(b \leqslant 0) \wedge (c \leqslant 0)$	$\mathrm{wp}[l_3] \wedge c$
l_3	$\xrightarrow{res:=res+2}$	$(c \leqslant 0)$	$\mathrm{wp}[l_4][exp/v]$
l_4	$\xrightarrow{if(c \leqslant 0)}$	$(c \leqslant 0)$	$\mathrm{wp}[l_5] \wedge c$
l_5	$\xrightarrow{res:=res+3}$	true	$\mathrm{wp}[l_6][exp/v]$
l_6		true	terminal

5.3.4 冗余路径后缀裁剪

算法 5-2 描述了计算已遍历执行路径后缀摘要的伪代码,该摘要信息将会用于冗余公共路径后缀的裁剪。摘要信息在第 14 行处被使用,此时当前路径 π 的路径条件 pcond 是已知的。路径条件 pcond 表示从某个初始状态通过路径 π 能到达的程序状态集合。该算法是在传统符号执行算法 5-1 基础上修改所得的,它进行如下的公共路径后缀消除行为。

- 如果 $pcon \wedge c \rightarrow \Pi[l]$ 成立,那么通过延长当前执行路径不会到达新的未遍历的路径后缀。在这种情况下,该算法强制符号执行立即从控制点 l 停止并回溯,从而避免可能由大量已覆盖路径后缀所引起的冗余测试输入生成。

- 如果 $pcon \wedge c \nrightarrow \Pi[l]$,则从控制点 l 出发延长当前路径可能会到达某个未遍历的路径后缀。此时,该算法需要按照传统的符号执行流程继续分析该执行路径。

在实际的算法实现中,公式 $pcon \wedge c \rightarrow \Pi[l]$ 的合法性由约束求解器检查公式 $\neg(pcon \wedge c \wedge \neg \Pi[l])$ 的可满足性检测来实现。

例 5-2 对于 5.3.1 节描述的例子,在符号执行表 5-1 中的路径 P3 执行到第 4 行时产生的路径条件为 $pcon = (a \leqslant 0) \wedge (b > 0)$,而下一条指令为 $if(c \leqslant 0)$。在下一个控制点 l' 处,已遍历路径后缀的摘要为 $\Pi[l'] = true$。而公式 $(a \leqslant 0) \wedge (b > 0) \wedge (c \leqslant 0) \rightarrow true$ 的可满足性等价于公式 $\neg((a \leqslant 0) \wedge (b > 0) \wedge (c \leqslant 0) \wedge \neg true)$ 的可满足性。显然,该公式是可满足的。

在运行算法 5-2 时,该算法会进入第 14 行 if 语句的 then 分支。调用求解器求解公式 $pcon = (a \leqslant 0) \wedge (b > 0)$ 会产生形如 $a = 0, b = 1, c = *$ 的测试输入,其中 $*$ 表示变量 c 的值是无关紧要的。

此后,在回溯符号执行之前,该算法会调用 UpdatePostcondition 更新当前执行路径上各个控制点的摘要信息(将当前遍历的路径信息反映到各控制点),从而产生这样的效果——仿佛已遍历完整的执行路径 P3。

5.3.5 可靠性分析

基于后置条件分析的符号执行与传统的符号执行拥有相同的路径覆盖能力,因为动态计算的后置条件分析只会消除冗余路径后缀。接下来,我们通过一个定理来进行相应的证明。

定理 5-1 对于程序 P,设 T 与 T' 分别为算法 5-1 与算法 5-2 生成的测试输入集合。对于任何给定深度限制下测试集合 T 能覆盖的路径后缀,T' 也能覆盖相应后缀。

证明 利用反证法来证明以上定理,即假设存在这样的路径后缀:①它在 T 中可达; ②在 T' 中不可达。设 $s = l_i \xrightarrow{e_i} l_{i+1} \cdots \xrightarrow{e_{n-1}} l_n$ 为路径 $\pi = l_0 \xrightarrow{e_0} \cdots l_{i-1} \xrightarrow{e_{i-1}} l_i \cdots \xrightarrow{e_{n-1}} l_n (0 \leqslant i \leqslant n)$ 的后缀,且我们假设 s 不会被 T' 所覆盖。设 s_{max} 是 T' 中任意测试用例 t' 可以覆盖的 s 中的最长序列,那么 s_{max} 要么形如 $l_i \xrightarrow{e_i} \cdots \xrightarrow{e_{j-1}} l_j (i \leqslant j < n)$,要么为空序列。我们首先讨论 s_{max} 不为空序列的情况,有以下 3 种情况需要考虑。

情况 1:e_j 为 abort 语句或者 halt 语句。从条件①可知,π 是可达路径且存在执行实例 $l_j \xrightarrow{e_j} l_{j+1}$。然而,当 e_j 为 abort 或者 halt 语句时,不会存在任何沿着 l_j 的可达执行。

情况 2:e_j 为 $v := exp$。根据算法 5-2 的第 23 行到第 25 行,$\pi = l_i \xrightarrow{e_i} \cdots \xrightarrow{e_{i+1}} l_{i+1}$ 在 t' 驱动下也是可达的,这与假设 s_{max} 是在 T' 驱动下 s 中最长的可达子序列相矛盾。

情况 3:e_j 为 if(c)。算法 5-2 的第 13 行到第 21 行表明在这种情况下有以下两种场景。

- 在第一种场景下,$l_j \xrightarrow{e_j} l_{j+1}$ 与 pcon $\wedge c \rightarrow \Pi[j+1]$ 成立。根据条件②,在 $t' \in T'$ 为测试输入驱动下,$l_i \xrightarrow{e_i} \cdots \xrightarrow{e_{j-1}} l_j$ 是可达的。此外,根据算法 5-4 对每条执行路径上事件的处理可知,$\Pi[j+1]$ 是多条从 l_{j+1} 出发路径的最弱前置条件组成的摘要信息。由于 pcon $\wedge c \rightarrow \Pi[j+1]$ 成立,因此路径后缀 $l_i \xrightarrow{e_i} \cdots \xrightarrow{e_{j-1}} l_j \xrightarrow{e_j} l_{j+1}$ 在 t' 下也是可达的,这与假设 s_{max} 是在 T' 驱动下 s 中最长的可达子序列相矛盾。

- 在第二种场景下,$l_j \xrightarrow{e_j} l_{j+1}$ 与 pcon $\wedge c \nrightarrow \Pi[j+1]$ 成立。根据条件①,pcon $\wedge c$ 在当前状态下是可满足的,而且 pcon $\wedge c \nrightarrow \Pi[j+1]$ 成立,因此存在至少一个从 l_{j+1} 出发的分叉路径没有被遍历过。算法 5-2 的第 19 行到第 20 行将状态 $<l_{j+1}, \sigma,$ pcon $\wedge c>$ 加入栈 stack 中。该算法会继续沿着 l_{j+1} 遍历其余的路径后缀并产生相应的测试输入到 T' 中,这与假设 s_{max} 是在 T' 驱动下 s 中最长的可达子序列相矛盾。

当 s_{max} 为空序列时,我们也很容易推导出与上述类似的矛盾。

推论 5-1 对于程序 P 中的 abort 语句,设 T 与 T' 分别为算法 5-1 与算法 5-2 生成的测试输入集合,如果路径后缀 s 在 T 驱动下是可达的,那么在 T' 驱动下也是可达的。

算法 5-4: 算法SimplifySummary(S, I)

1 **for** 对于每一项 $I' \in S$ **do**
2   **if** I' 和 I 可结合 **then**
3   设 c 为 I' 中针对 I 的互补约束;
4        $I' \leftarrow I'$ 中删除c;
5        $S \leftarrow S \backslash \{I'\}$;
6   **return** $SimplifySummary(S, I')$;
7   **end**
8 **end**
9 $S \leftarrow S \cup \{I\}$;
10 **return** S;

算法 5-4　SimplifySummary$(S，I)$

5.3.6　搜索策略设置

算法 5-2 用栈 stack 存储待处理的符号执行状态,该数据结构使该算法对所有可能的有向无环执行路径展开深度优先搜索遍历。在符号执行过程中的任何时刻,表 Π 为每个控制点存储最新的从该点出发的已遍历子路径的摘要信息。此时,基于最弱前置条件计算的符号执行方法能达到最佳的分析效率。

相反,如果算法 5-2 将栈替换为队列,那么该算法则使用广度优先的状态遍历策略。此时,该算法难以有效地消除公共路径后缀,其效率最低。具体地,我们可以通过 5.2.1 节描述的例子来说明广度优先搜索策略使该算法难以通过公共路径后缀消除来裁剪冗余路径的原因。按照广度优先搜索策略,在求解某条具体执行路径并产生对应的测试输入之前,符号执行会同时沿着 8 条执行路径传播符号执行路径约束。因此,在整个符号执行过程中,摘要信息 Π 几乎一直未被更新,从而保持无效状态(因为 Π 只基于已遍历的完整执行路径进行更新)。在为执行路径 P1 与 P2 计算测试输入并更新摘要信息 Π 时,符号执行已经展开其他 6 条执行路径的分析,因此更新后的摘要信息无法用于其他路径的裁剪。

5.4　优 化 策 略

本章描述的路径裁剪算法的一个重要优势在于,它在保持方法正确性的同时允许对表 $\Pi[]$ 的构建执行各种向下近似策略。这样的路径裁剪技术特别适用于程序的测试分析,因为这类分析往往需要非常小心地避免错过任何可能到达程序错误的执行路径。使用该方法可以让程序分析人员专注于探索各种切实可行的平衡裁剪能力与计算代价的策略,而不用担心选择这些策略的合理性与正确性。本节将描述该算法的几种优化策略,这些优化策略用于有效地减少算法的时间开销及内存消耗。

5.4.1 摘要化简

路径裁剪分析主要依赖各执行点描述已遍历后缀路径的摘要信息。毫无疑问,简单的摘要信息更利于存储及后续的检查。本节将描述一种有效的摘要简化方法,它在减少内存消耗的同时还能显著地减少路径裁剪时间。

每个执行点的摘要 $\Pi[1]$ 都是由一个或者多个条件约束项组成的,而每个项描述一条路径后缀,它是由最弱前置条件计算产生的一个约束合取范式(Conjunction Normal Form,CNF)。本节描述的摘要简化是一种简单而有效的优化策略,它在摘要信息更新时被调用。摘要约束项 $I_1 = c_{x1} \wedge c_{x2} \wedge \cdots \wedge c_{xm}$ 与 $I_2 = c_{y1} \wedge c_{y2} \wedge \cdots \wedge c_{yn}$ 被称为"可结合的",当且仅当它们满足以下条件:

- 基本条件,即 $m == n$;
- 互补条件,即存在 $c_{xi} \vee c_{yj} \Rightarrow \mathrm{true}(1 \leqslant i \leqslant m$ 且 $1 \leqslant j \leqslant n)$,$c_{xi}$ 与 c_{yj} 为互补约束;
- 相等条件,即对于任何 $c_{xk}(1 \leqslant k \leqslant m$ 且 $k \neq i)$,存在 $l(1 \leqslant l \leqslant n$ 且 $l \neq j)$ 使 $c_{xk} == c_{yl}$。

简单来说,当摘要项 I_1 与 I_2 是可结合的项时,组成它们的条件中有且仅有一个互补约束,而其余的约束都是一一对应相等的。例如,项 $I_1 = c_1 \wedge c_2 \wedge \overline{c_3}$ 与项 $I_2 = c_1 \wedge c_2 \wedge c_3$ 是可结合的。它们的互补约束为 I_1 中的 c_3 与 I_2 中的 $\overline{c_3}$。显然,两个可结合项可以通过简单地去掉互补约束合并为一个项。例如,I_1 与 I_2 可以合并为新项 $c_1 \wedge c_2$。

因此,该策略不会直接将新项 I 插入摘要中,而是迭代地检查已有摘要中是否存在一个可以与 I 合并的项 I'。算法 5-4 描述了摘要简化的迭代分析算法 SimplifySummary。当第 3 行发现一个可结合项时,该算法在第 6 行处进一步迭代简化当前的摘要约束。

以图 5-2 所示的程序为例,在加速算法结束时,6 条执行路径会被遍历。表 5-3 描述了为第 1 行分支语句计算摘要的过程。第 1 列为路径编号,第 2 列表示每条执行路径经过的分支序列(带下划线的行号表示选择 else 分支),第 3 列和第 4 列分别描述没有使用摘要简化策略及使用简化策略得到的摘要结果。特别地,$\mathrm{Sum}_9(\mathrm{Sum}_9')$ 表示第 9 行分支处未使用(使用)摘要简化策略的结果,其结果如表 5-4 所示。

```
1   if (x>0) {            9    if (y>0) {
2       a++;              10       c++,e++;
3       if (a>0)          11       if (c>0)
4           b++;          12           d++;
5       else              13       else
6           b--;          14           d--;
7   } else                15   } else
8       a--;              16       e--;
                          17   assert(e>0);
```

图 5-2　一个省略变量定义的简单程序

表 5-3　图 5-2 中程序的符号执行

路径编号	分支序列	第 1 行处的摘要结果	第 1 行处的摘要结果(摘要简化后)
1	$\underline{1}\ \underline{9}\ \underline{17}$	$I_1:e-1>0 \land y\leqslant 0 \land x\leqslant 0$	$I_1:e-1>0 \land y\leqslant 0 \land x\leqslant 0$
2	$\underline{1}\ \underline{9}\ 17$	$I_1:e-1>0 \land y\leqslant 0 \land x\leqslant 0$ $\boldsymbol{I_2:e-1\leqslant 0 \land y\leqslant 0 \land x\leqslant 0}$	$I_1:e-1>0 \land y\leqslant 0 \land x\leqslant 0$ $\boldsymbol{I_2:e-1\leqslant 0 \land y\leqslant 0 \land x\leqslant 0}$ $\Rightarrow\boldsymbol{I_1:y\leqslant 0 \land x\leqslant 0}$
3	$\underline{1}\ \underline{9}\ \underline{11}$	$I_1:e-1>0 \land y\leqslant 0 \land x\leqslant 0$ $I_2:e-1\leqslant 0 \land y\leqslant 0 \land x\leqslant 0$ $\boldsymbol{I_3:(e>0\lor e<0 \land x\leqslant 0)\land c+1\leqslant 0 \land y>0 \land x\leqslant 0}$	$I_1:y\leqslant 0 \land x\leqslant 0$ $\boldsymbol{I_2:c+1\leqslant 0 \land y>0 \land x\leqslant 0}$
4	$\underline{1}\ 9\ 11$	$I_1:e-1>0 \land y\leqslant 0 \land x\leqslant 0$ $I_2:e-1\leqslant 0 \land y\leqslant 0 \land x\leqslant 0$ $I_3:(e>0\lor e<0)\land c+1\leqslant 0 \land y>0 \land x\leqslant 0$ $\boldsymbol{I_4:(e>0\lor e<0)\land c+1>0 \land y>0 \land x\leqslant 0}$	$I_1:y\leqslant 0 \land x\leqslant 0$ $I_2:c+1\leqslant 0 \land y>0 \land x\leqslant 0$ $\boldsymbol{I_3:(e>0\lor e<0)\land c+1>0 \land y>0 \land x\leqslant 0}$ $\Rightarrow\boldsymbol{I_1:x\leqslant 0}$
5	$1\ \underline{3}$	$I_1:e-1>0 \land y\leqslant 0 \land x\leqslant 0$ $I_2:e-1\leqslant 0 \land y\leqslant 0 \land x\leqslant 0$ $I_3:(e>0\lor e<0)\land c+1\leqslant 0 \land y>0 \land x\leqslant 0$ $I_4:(e>0\lor e<0)\land c+1>0 \land y>0 \land x\leqslant 0$ $\boldsymbol{I_5:\mathrm{Sum}_9 \land a\leqslant 0 \land x>0}$	$I_1:x\leqslant 0$ $\boldsymbol{I_2:\mathrm{Sum}_9' \land a\leqslant 0 \land x>0\Rightarrow a\leqslant 0 \land x>0}$
6	$1\ 3$	$I_1:e-1>0 \land y\leqslant 0 \land x\leqslant 0$ $I_2:e-1\leqslant 0 \land y\leqslant 0 \land x\leqslant 0$ $I_3:(e>0\lor e<0)\land c+1\leqslant 0 \land y>0 \land x\leqslant 0$ $I_4:(e>0\lor e<0)\land c+1>0 \land y>0 \land x\leqslant 0$ $I_5:\mathrm{Sum}_9 \land a\leqslant 0 \land x>0$ $\boldsymbol{I_6:\mathrm{Sum}_9 \land a>0 \land x>0}$	$I_1:x\leqslant 0$ $I_2:a\leqslant 0 \land x>0$ $\boldsymbol{I_3:\mathrm{Sum}_9' \land a>0 \land x>0\Rightarrow\mathrm{true}}$

注:加粗部分为更新项。

表 5-4　图 5-2 程序的行 9 分支处未使用（使用）摘要简化策略的结果

Sum_9	Sum'_9
$I_1 : e-1>0 \wedge y \leqslant 0$	
$I_2 : e-1 \leqslant 0 \wedge y \leqslant 0$	
$I_3 : (e>0 \vee e<0) \wedge c+1 \leqslant 0 \wedge y>0$	$I_1 : true$
$I_4 : (e>0 \vee e<0) \wedge c+1>0 \wedge y>0$	

5.4.2　避免冗余最弱前置条件计算

符号执行加速方法需要沿着反向执行路径计算最弱前置条件，该步骤会对整个算法的效率产生较大的影响。然而，由于加速算法在执行深度优先的路径遍历时，两条相继遍历的执行路径通常共享较长的路径前缀，因此它们之间往往共享最多的最弱前置条件计算结果。

具体地，为了实现相邻执行路径之间的最弱前置条件计算信息的共享，本节描述的优化策略首先存储最后分析执行路径在每个执行点处的最弱前置条件计算结果，然后标识当前分析路径与最后分析路径间第一个差异分支执行实例 firstDBr。该实例表示相邻两条执行路径间的首个差异执行点，显然两条相邻路径共享 firstDBr 之前的整个路径前缀，从而可以共享关于公共前缀路径的最弱前置条件计算结果。

例如，图 5-3 描述了两条执行路径（Old 与 New 为前后相继执行的路径），其中 firstDBr$=x$。在沿着执行路径 New 执行最弱前置条件计算时，我们不需要沿着该路径反向传播条件 N_1 到 N_{x-1}，因为相关计算已在沿着路径 Old 反向分析条件 O_1 到 O_{x-1} 时完成〔$O_i = N_i (1 \leqslant i \leqslant x-1)$〕。因此，关于路径 New 的最弱前置条件计算只需要沿着执行路径 New 反向传播条件 N_x 到 N_m，并直接重用条件 N_1 到 N_{x-1} 在各执行点处的最弱前置条件计算信息。

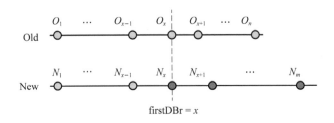

图 5-3　比较两条相邻执行路径 Old 与 New

设 wp[p][i] 表示路径 p 在第 i 个分支执行实例的最弱前置条件，wp[p]$_j^i$ 表示来自路径 p 的第 j 个分支的条件到达第 i 个分支时通过最弱前置条件计算转换后的约束，那么依据该策略计算各执行点的最弱前置条件的公式如下：

$$WP[New][i] = WP_{old}[i] \wedge WP_{new}[i]$$

$$WP_{old}[i] = \wedge_{j=i}^{diffDBr-1} wp[Old]_j^i$$

$$WP_{new}[i] = \wedge_{j=\max(i,diffDBr)}^{m} wp[New]_j^i \tag{5-1}$$

每个执行点的 WP[New][i] 计算包括两部分：WP$_{old}$[i] 与 WP$_{new}$[i]，它们分别表示重用部分及需要沿着路径 New 重新计算的部分。需要注意的是，该策略的有效性基于深度优先路径遍历策略，因为此时大部分相邻执行路径都是非常相似的。

考虑下面的代码片段：

$$\text{if (A) } \{\cdots\} \text{ else } \{\cdots\}$$
$$\text{if (B) } \{\cdots\} \text{ else } \{\cdots\}$$
$$\text{if (C) } \{\cdots\} \text{ else } \{\cdots\}$$
$$\text{if (D) } \{\cdots\} \text{ else } \{\cdots\}$$

在遍历第一条执行路径 ABCD 后，假设最弱前置条件计算为 4 个分支执行点依次产生的摘要约束为 D、$D^1 \wedge C$、$D^2 \wedge C^1 \wedge B$、$D^3 \wedge C^2 \wedge B^1 \wedge A$，其中上标表示对应约束条件被转换的次数。第二条遍历的执行路径为 ABC $\neg$ D，它与前一条执行路径共享路径前缀 ABC。本节描述的优化方法只会沿着第二条执行路径传播条件 $\neg$ D，并直接重用前一条执行路径中关于 C^i、B^i 与 A^i 的信息。因此，该策略可以简单地根据公式(5-1)依次构造第二条执行路径在 4 个分支执行点的最弱前置条件：$\neg$ D、$\neg$ $D^1 \wedge C$、$\neg$ $D^2 \wedge C^1 \wedge B$ 及 $\neg$ $D^3 \wedge C^2 \wedge B^1 \wedge A$。

5.4.3　设置冗余路径检测点

为了裁剪冗余路径，算法 5-2 在第 17 行更新每个执行点的摘要信息，并在随后的第 14 行检查是否可以提前结束当前路径的遍历。设置的检查点个数会直接影响所需要的检查时间及内存。当然，如果算法在每个分支处都设置检查点，则会实现最大的冗余路径裁剪效果。但是，实验发现设置如此密集的检查点是没有必要的，尤其是对循环中产生的不同分支执行点。事实上，当算法在循环中某个分支执行点的冗余检查失败时，在该分支的随后执行点处检查成功的概率仍然较小。因此，对于循环中的分支语句，只需要在其首次执行处设置检查点即可。然而，该策略可能会导致无法及时发现某些冗余的后缀路径,从而影响裁剪效果。5.5节介绍的实验结果表明,该优化策略在减少检查时间及内存消耗的同时,对冗余路径及指令的裁剪影响较小。

5.4.4 控制摘要大小

在实际实现中,摘要信息 Π 以及每个执行点的逻辑约束 $\Pi[l]$ 都可能会很大。例如,当执行路径多而长时。特别地,摘要信息 $\Pi[l]$ 需要存储在内存中。该摘要信息存储在一个映射类型的数据结构中,该映射的键为全局的分支控制执行点,而对应的值 $\Pi[l]$ 为相应控制执行点 l 的摘要逻辑公式。在通常情况下,这些摘要逻辑公式都比较复杂。

我们可以通过各类启发式策略降低摘要信息的构建、存储以及索引相关信息的代价。当然,这些策略的目标是在维持路径裁剪的正确性的前提下尽量减少相关计算代价。例如,要保证这些策略的使用不会跳过任何未覆盖的非冗余路径。

事实上,我们可以证明算法 5-3 可以使用公式 $\Pi[l]$ 的任何向下近似 $\Pi^-[l]$ 约束来替换它,且 $\Pi^-[l]$ 可以维持冗余路径裁剪算法的正确性。在通常情况下,使用 $\Pi^-[l]$ 会显著降低路径裁剪分析的计算代价。这样的替换是安全的,因为我们根据定义可知 $\Pi^-[l] \rightarrow \Pi[l]$。因此,如果 $(\text{pcon} \wedge c) \rightarrow \Pi^-[l]$ 成立,那么 $(\text{pcon} \wedge c) \rightarrow \Pi[l]$ 也一定成立。

5.4.3 节描述的检查点选择策略是一种通过控制摘要数量来有效控制摘要规模的方法。而本节描述的策略则用于控制每个执行点的摘要约束信息 $\Pi[l]$。具体地,它可以使用一个固定阈值 bd 来限定每个逻辑公式 $\Pi[l]$ 的大小,可以通过将算法 5-3 中的第 9 行用新语句来替换:$\{\text{if } (\text{size}(\Pi[l]) < \text{bd})\Pi[l] \leftarrow \Pi[l] \vee \text{wp};\}$,其中 $\text{size}(\Pi[l])$ 表示摘要项 $\Pi[l]$ 包含的约束条件数量。

5.5 方法评估

本章描述的符号执行加速算法是基于第 4 章描述的最弱前置条件计算框架实现的,对应的原型工具称作 PSE。每当一条执行路径遍历完成时,PSE 都会基于当前路径计算最弱前置条件并更新路径上各执行点的摘要约束信息,该信息将用于新的冗余后缀路径的判断及裁剪。

为了全面评估基于后置条件的符号执行技术在裁剪冗余测试用例中的实际效果,我们主要考虑以下几个研究问题。

问题 1(冗余路径裁剪的有效性):与经典符号执行工具 KLEE 所遍历的执行路径相比,实际应用程序中存在多少因共享后缀路径而导致的冗余路径?

- 问题 1.1:PSE 裁剪冗余路径的有效性。
- 问题 1.2:PSE 裁剪冗余指令的有效性。
- 问题 1.3:PSE 能获得的时间加速。

问题 2(冗余路径裁剪的负担):PSE 在裁剪冗余路径中产生多大的负担?

- 问题 2.1:PSE 因最弱前置条件计算而产生的计算负担。
- 问题 2.2:PSE 因冗余路径检查而产生的计算负担。

问题 3(优化策略的有效性):评估各优化策略对问题 1 与问题 2 分析结果的影响。

- 问题 3.1:摘要简化策略有效性。
- 问题 3.2:相邻路径间共享最弱前置条件信息策略有效性。
- 问题 3.3:检查点选择策略有效性。
- 问题 3.4:控制摘要规模对路径裁剪的影响。

研究这些问题的主要目的是分析在存在计算开销的情况下,冗余路径裁剪方法的分析效率及有效性。

5.5.1　实验对象及方法

本章主要实验对象是 GNU Coreutils 包含的实用 C 程序,这些程序实现了 UNIX/Linux 操作系统中常用的基本命令。这些程序为 2 000～6 000 行。使用符号执行工具分析这些程序存在较大的挑战,部分原因在于这些程序大量使用错误检查、指针以及堆分配相关的数据结构(如链表与树结构)。

PSE 首先使用 LLVM 工具集将每个测试程序转换为 LLVM 字节码,然后基于用户所指定的符号输入变量符号化分析程序字节码(这些输入变量对应程序命令行参数的值)。

5.5.2　路径裁剪的有效性

本节通过比较原型工具 PSE 与 KLEE 的实验结果来评估符号执行加速方法的有效性。KLEE 实现了算法 5-1 描述的标准符号执行。本实验将每个测试程序的运行时间限定为 3 h(即 10 800 s)。此外,每个摘要项大小被设置为 200,即每个摘要项最多能描述

200 条路径后缀。而且本节描述的实验开启了 5.4 节描述的所有优化策略,优化策略对 PSE 执行的影响将在 5.5.4 节详细分析。

在实验中,PSE 接受符号化的命令行参数以及 stdin 为程序输入,并限定每个字符长度参数为 2。由于限定了符号输入大小,因此这些程序的分析是有可能终止的。实验机器的基本配置为 2.66 GHz 英特尔双核 CPU 以及 4 GB RAM。

图 5-4 为比较 PSE 与 KLEE 执行时间的散点图。x 轴与 y 轴分别描述了两种方法分析被测程序所需的时间。在实验中,如果某个被测程序的分析时间超过所设的时间阈值,那么 PSE 及 KLEE 将终止其执行。由图 5-4 易知,对于所需分析时间较短的被测程序,未裁剪的符号执行工具 KLEE 更为有效。对于需要较多分析时间的大中型程序,则基于后置条件的符号执行加速方法 PSE 更为有效。该实验结果符合我们的预期,因为基于后置条件的符号执行加速方法在裁剪冗余路径的同时也会引入显著的额外开销。我们将在 5.5.3 节详细分析该方法所引入的各类开销。

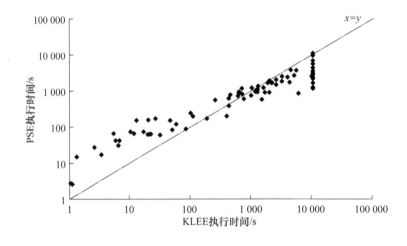

图 5-4　比较 KLEE 与 PSE 的执行时间的散点图

表 5-5 比较了两个工具的执行路径、执行指令及执行时间的相关数据。第 1 列描述被测程序名,第 2 列到第 4 列比较 PSE 与 KLEE 所遍历的路径数,第 5 列到第 7 列比较 PSE 与 KLEE 所执行的指令数,最后 3 列比较 PSE 与 KLEE 的执行时间。特别地,在表 5-5 中还列出了遍历的路径数及指令数在裁剪前后的比值以及分析时间的加速比。实验结果表明,PSE 所遍历的执行路径数及指令数明显小于 KLEE,对较大程序的路径裁剪尤其明显。具体来说,KLEE 所需遍历的平均路径数约为 PSE 的 3.34 倍,而 KLEE 所需遍历的指令数是 PSE 的 23.03 倍。也就是说,PSE 会平均裁剪 60％ KLEE 需遍历的执行路径。其中,大部分的路径裁剪都来源于对共享路径后缀的裁剪,而并非完整路径的

裁剪。这也就是指令裁剪数量明显大于路径裁剪数量的主要原因。表 5-5 也验证了之前的推测:在实际程序中,公共子路径会产生大量的路径冗余,而 PSE 能有效地消除这些冗余路径。

然而,与裁剪路径比和指令比相比,时间加速比并不那么明显。因为与路径和指令的 3.34 倍与 23.03 倍的裁剪比例相比,PSE 只获得了 2.26 倍的平均加速比。但是,PSE 能在限定的 3 h 内遍历 18 个 KLEE 无法完成分析的程序。

表 5-5 比较 KLEE 与 PSE 的基本分析结果

被测程序名	探索路径			探索指令			时间		
	PSE/条	KLEE/条	KLEE/PSE	PSE/条	KLEE/条	KLEE/PSE	PSE/s	KLEE/s	时间加速比
arch	855	1 375	1.61	196 761	12 230 344	62.16	936.77	1 994.71	2.13
base64	441	1 058	2.40	148 328	9 417 607	63.49	574.48	1 511.49	2.63
chcon	1 398	3 752	>2.68	4 380 247	33 297 373	>7.60	2 963.82	TO	>3.64
chgrp	1 418	3 920	>2.76	17 226 071	35 310 651	>2.05	4 334.54	TO	>2.49
chmod	1 453	3 661	>2.52	11 231 299	33 568 918	2.99	2 374.96	TO	>4.55
chown	1 672	3 925	>2.35	30 090 329	35 531 856	1.18	4 524.18	TO	>2.39
comm	885	2 522	2.85	303 775	22 936 623	75.51	2 442.85	4 087.59	1.67
cp	1 276	3 636	>2.85	2 142 868	35 361 275	>16.51	2 170.98	TO	>4.97
csplit	930	3 235	3.48	1 029 691	31 998 354	31.08	2 560.72	10 444.05	4.08
dircolors	415	1 178	2.84	567 953	13 579 980	23.91	1 237.65	1 655.75	1.34
dirname	220	564	2.56	139 147	4 923 714	35.38	656.86	439.13	0.67
du	297	949	3.20	12 256 156	628 662 146	51.29	1 517.39	2 646.26	1.74
expand	415	762	1.84	549 802	7 820 299	14.22	759.56	456.87	0.60
expr	69	651	9.43	96 507	3 919 884	40.62	212.01	400.52	1.89
factor	1 387	3 812	>2.75	12 689 346	36 507 426	>2.88	6 987.52	TO	>1.55
fmt	206	792	3.84	172 154	6 489 860	37.70	921.54	1 770.91	1.92
fold	423	967	2.29	1 753 427	10 143 108	5.78	1 238.27	1 063.06	0.86
ginstall	1 166	4 911	4.21	813 196	48 857 663	60.08	2 729.9	10 467.79	3.83
head	1 114	3 721	>3.34	11 166 367	59 874 383	>5.36	5 744.35	TO	>1.88
hostid	855	1 375	1.61	142 635	12 278 096	86.08	1 335.15	1 360.31	1.02
hostname	505	1 375	2.72	635 920	13 029 976	20.49	1 167.23	1 292.04	1.11
id	423	1 340	3.17	25 599 403	54 103 365	2.11	981.52	1 218.79	1.24
join	636	3 699	>5.82	2 021 675	33 468 346	>16.55	3 106.17	TO	>3.48
link	1 348	2 748	>2.04	13 756 342	32 876 548	>2.39	7 284.34	TO	>1.48

被测程序名	探索路径			探索指令			时间		
	PSE/条	KLEE/条	KLEE/PSE	PSE/条	KLEE/条	KLEE/PSE	PSE/s	KLEE/s	时间加速比
ln	495	1 510	3.05	981 995	19 212 957	19.57	3 729.76	5 714.31	1.53
logname	855	1 375	1.61	109 812	12 247 184	111.53	1 945.39	2 029.9	1.04
ls	1 275	3 192	>2.50	47 579 632	895 733 467	>18.83	7 785.94	TO	>1.39
mkdir	1 134	2 783	>2.45	1 231 570	33 579 827	>27.27	3 197.30	TO	>3.38
mkfifo	867	2 649	>3.06	1 108 867	31 240 588	>28.17	1 194.03	TO	>9.04
mknod	1 109	1 756	1.58	2 546 180	15 913 533	6.25	1 678.84	2 275.7	1.36
mktemp	1 102	3 279	2.98	3 323 201	31 495 317	9.48	2 764.32	5 299.09	1.92
mv	963	3 446	3.58	1 162 161	34 060 036	>29.31	2 851.12	TO	>3.79
nice	44	637	14.48	290 825	4 894 266	16.83	759.57	1 017.04	1.34
nl	1 100	2 148	1.95	6 204 453	19 874 892	>3.20	3 127.31	TO	>3.45
nohup	105	924	8.80	120 661	9 846 460	81.60	752.84	624.17	0.83
od	832	2 851	3.43	2 931 253	43 443 017	14.82	1 794.58	4 409.97	2.46
printenv	937	3 663	3.91	2 217 897	8 047 843	3.63	2 079.58	2 637.18	1.27
printf	1 288	2 014	>1.56	2 192 027	21 631 625	>9.87	1 278.46	TO	>8.45
ptx	532	1 914	3.60	1 114 112	46 610 662	41.84	2 579.68	3 312.43	1.28
readlink	400	745	1.86	82 000	5 598 617	68.28	891.12	643.47	0.72
rmdir	1 134	3 132	2.76	9 368 427	33 400 578	>3.57	3 609.24	TO	>2.99
setuidgid	358	1 848	5.16	375 051	32 832 492	87.54	3 811.23	4 646.58	1.22
shuf	457	1 611	3.53	191 179	14 473 864	75.71	857.33	6 240.45	7.28
sleep	855	3 173	>3.71	7 422 576	46 972 683	>6.33	1 683.14	TO	>6.42
sort	396	1 801	4.55	524 288	22 398 578	42.72	1 789.56	2 114.36	1.18
split	298	738	2.48	162 246	4 421 955	27.25	784.08	460.14	0.59
touch	305	1 288	4.22	205 836	2 337 850	11.36	954.32	1 303.89	1.37
tr	776	1 690	2.18	876 831	16 302 848	18.59	1 897.87	3 323.09	1.75
tsort	381	580	1.52	131 983	5 176 989	39.22	963.9	640.34	0.66
tty	1 193	1 927	1.62	1 119 129	20 813 531	18.60	1 933.18	3 288.5	1.70
uname	1 013	2 162	>2.13	7 842 392	18 587 205	>2.37	9 535.2	TO	>1.13
unexpand	259	812	3.14	475 743	8 682 733	18.25	623.71	771.77	1.24
uniq	368	939	2.55	515 168	8 559 681	16.62	408.01	437.42	1.07
unlink	477	1 375	2.88	654 482	12 939 395	19.77	1 704.79	2 164.11	1.27
uptime	64	577	9.02	451 747	5 475 778	12.12	1 157.96	709.71	0.61
users	378	577	1.53	390 157	5 257 283	13.47	813.82	712.63	0.88
whoami	855	1 375	1.61	302 790	12 437 691	41.08	1 701.18	1 909.14	1.12
Average	—	—	>3.34	—	—	>23.03	—	—	>2.26

5.5.3 路径裁剪的代价

与 KLEE 相比，PSE 主要有两类额外开销。

- 最弱前置条件计算：每完成一条执行路径遍历时，PSE 都会沿着该路径执行最弱前置条件计算并更新各执行点的摘要（描述从此点出发的已遍历子路径），从而引入对应的计算开销以及内存消耗。

- 路径冗余检查：PSE 需要根据摘要构建 SMT 求解查询检查是否有已分析子路径覆盖了当前路径。公式的隐含检查会带来一定的开销，它在增加分析时间的同时还会增加求解器的内存消耗。

为了回答研究问题 2，图 5-5 与图 5-6 描述了 PSE 因路径裁剪而产生的时间及内存开销。其中图 5-5 描述了 3 种时间消耗：冗余路径的检查时间、最弱前置条件的计算时间及总执行时间。不难发现，在大多数程序分析中，检查时间和计算时间占据大部分执行时间。就平均值而言，约 70% 的执行时间消耗在冗余检查及最弱前置条件计算上。这些时间开销在标准符号执行中是不需要的。尽管如此，PSE 对拥有较多执行路径的程序而言，仍然能得到明显的加速比。此外，图 5-10 比较了 PSE 与 KLEE 的内存消耗。与 KLEE 相比，PSE 需要额外约 1.87 倍的内存消耗，该内存消耗主要用于摘要信息的存储。

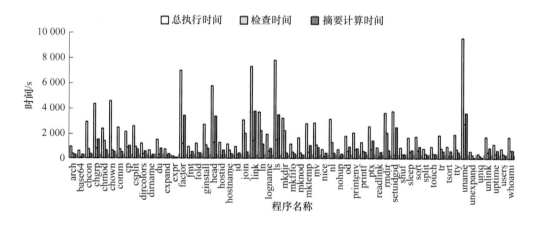

图 5-5　PSE 所需检查时间、摘要计算时间与总执行时间的比较

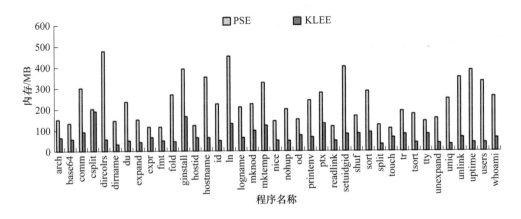

图 5-6　PSE 与 KLEE 所耗内存的比较

5.5.4　优化策略有效性评估

为了减少 PSE 的路径裁剪负担（最弱前置条件计算及冗余检查），5.4 节提出了 3 种优化策略。本节将通过实验验证这些优化策略的有效性，即回答研究问题 3。注意，在分析某种优化策略时，其他策略默认保持开启状态。

问题 3.1：摘要简化策略有效性。摘要简化优化策略不但能减少内存消耗，还能加速冗余路径的检查。图 5-7 比较了使用该优化策略前后的内存消耗情况。PSE 在不使用摘要简化优化策略时会多消耗 43% 的内存。此外，图 5-8 描述了该优化策略对冗余检查时间的影响。明显地，该策略带来了非常显著的加速（平均产生约 2 倍的加速比）。

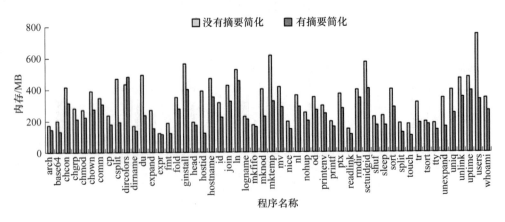

图 5-7　摘要简化前后 PSE 消耗内存的比较

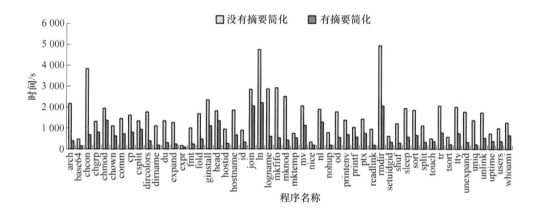

图 5-8　摘要简化前后 PSE 所需检查时间的比较

问题 3.2：相邻路径间共享最弱前置条件信息策略有效性。5.4.2 节描述的优化策略旨在使 PSE 共享相邻路径间部分最弱前置条件信息，从而避免重复计算。为了评估该策略的有效性，我们开展了一组比较 PSE 在使用及不使用该策略时摘要计算时间的实验。实验结果显示，在不使用该优化策略时，有 5 个测试程序无法在 3 h 的限定时间内完成分析，它们是 factor、head、ls、mkdir 及 uname。图 5-9 显示了 PSE 分析其余可完成分析的程序在优化策略使用前后所需的摘要计算时间。总体来说，该策略为 PSE 的摘要计算带来约 2.56 倍的加速。

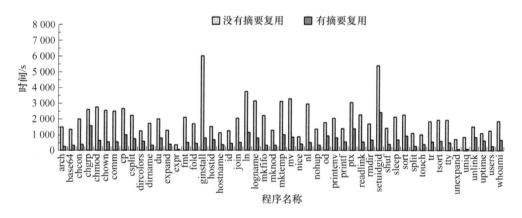

图 5-9　比较 PSE 复用相邻路径的最弱前置条件信息前后的摘要计算时间

问题 3.3：检查点选择策略有效性。5.4.3 节描述了检查点选择的重要性，该策略不但会影响检查时间，也会影响内存消耗。为了评估该策略的有效性，我们开展了一组比较 PSE 在使用该策略前后对冗余检查时间及内存消耗影响的实验。实验结果显示，有 6

个测试程序在不使用该优化策略时无法在 3 h 的限定时间内完成分析，它们是 factor、join、fold、ls、mkdir 及 uname。图 5-10 显示了其他程序在优化测试使用前后所需的检查时间及内存消耗情况。从平均情况来看，PSE 在使用该策略时可获得约 1.97 倍的检测时间加速比，同时减少约 70% 的内存消耗。此外，该优化只会导致 PSE 多分析约 7% 的指令。

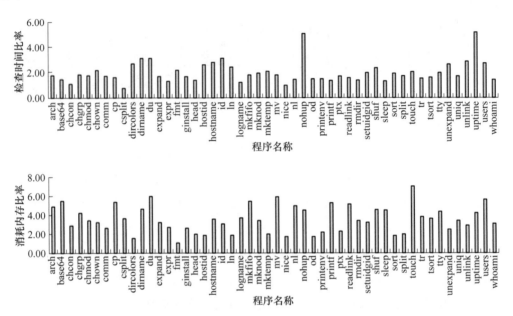

图 5-10　PSE 使用检查点选择策略前后的检查时间及内存消耗比率

问题 3.4：控制摘要规模对路径裁剪的影响。5.4.4 节介绍了一种控制摘要规模的策略，本节将评估该策略对基于后置条件的符号执行加速方法有效性及效率的影响。图 5-11(a) 显示了 PSE 在分析 3 个程序(chcon、mkfifo 以及 rmdir)时，遍历的执行路径数随着不同的摘要项大小设置的变化情况。随着摘要项的增大，PSE 所需遍历的执行路径数会先变小随之趋于稳定。例如，程序 chcon 在每个摘要项大小控制在 100~300 时，PSE 遍历 1 398 条执行路径；当摘要项大小设置为 400~600 时，PSE 遍历 903 条执行路径；当摘要项大小设置为 700 及以上时，PSE 遍历的路径数稳定在 663 条。此外，如图 5-11(b) 和图 5-11(c) 所示，PSE 所需的分析时间及内存消耗也随着设置的摘要项大小而变化，但是其变化并不会呈现像路径数变化那样的规律，该结果也是在意料之中的。例如，虽然较小的摘要项设置可以减少通过最弱前置条件计算更新摘要的时间，但是同时也可能会因错过路径裁剪而增加最终的分析时间。同理，内存的消耗与摘要项的设置也不存在必然的关系，因为存储更多、更大的摘要信息并不意味着就一定能发现更多的冗余路径。

事实上,这也从另一个方面说明 PSE 的裁剪效果与被测程序的内部结构也存在较大的关系。

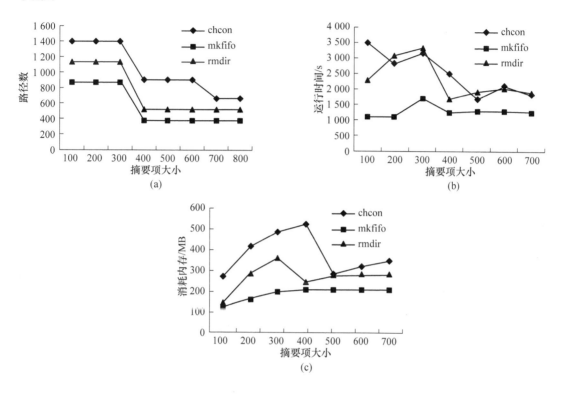

图 5-11 摘要项大小对 PSE 遍历的路径数、运行时间及内存消耗的影响

本 章 小 结

首先,本章介绍了一种有效的符号执行加速方法,该方法形式化描述执行路径间共享的公共路径后缀,并通过避免对它们的重复分析以有效缓解符号执行的路径爆炸问题。然后,描述了实现该方法的原型工具 PSE,并在大量 Linux 应用程序中开展实验。相关实验结果表明,实际程序中存在大量因公共后缀路径而带来的冗余路径,而 PSE 能有效地消除对这些冗余路径的重复分析,从而有效减少符号执行所需的时间,提高符号执行分析的效率。后续研究工作需进一步仔细分析并权衡冗余路径消除所带来的效益以及所需的计算开销,以进一步提高方法的分析效率。此外,基于静态程序分析的启发式方法及算法并行化也能用于进一步提升该方法的裁剪有效性与效率。

第6章

基于反馈驱动的增量符号执行

6.1　方 法 简 介

符号执行是一种对程序进行系统性检测的强大分析技术[2,179]，尽管近年来已经有了许多改进的算法和技术[9,20,60,80,180-187]，但是将符号执行扩展到大型实际程序时仍然面临着巨大的挑战。其中最主要的挑战是路径爆炸问题，造成该问题的主要原因是程序探索的路径数量随着符号执行期间探索的分支数量呈指数级增加。作为提升符号执行技术检测规模的一种有效方案，回归分析[72,85-87,188-189]可以用于减小分析范围，并集中分析程序及其演化之间的变更所引入的增量行为。增量符号执行技术[68,85-86]是近年来发展起来的一种分析技术，然而这类技术仍然面临着如何在更新迭代的程序中有效地探索增量行为的挑战。

DiSE[68]是被最先提出来的有效增量符号执行技术，该技术通过执行静态分析来识别受给定程序变化影响的语句。例如，对于如下包含两个分支语句的代码片段：

```
1  if(x>0) y=1;
2  if(y>0) assert(false);
```

其中，将"y=0"更改为"y=1"（记为 Δ）。对于该例子，DiSE 将标识所有语句为受程序更改影响的语句。具体来说，分支语句"if(x>0)"被识别为受影响的语句，是因为该语句直接控制变化语句"y=1"；同时语句"if(y>0)"也被识别，因为它使用了受影响的变量 y。综上所述，Δ 对所有可达路径都产生了不同的影响，DiSE 将探索所有的路径，包括沿着

1F 的路径(即分支语句 1 的 False 分支),但是该路径实际上并不会受到变化的影响,因此它是增量分析中的一条冗余路径。

增量符号执行的另一个研究方向是如何精确捕获增量行为,如影子符号执行[86]。该方法通过在同一个符号执行实例中分别执行两个版本来确定旧的程序版本和更新的程序版本是否表现出不同的程序行为。然而,该方法假设更新后程序的可用测试套件包含触发所有更改的测试输入,因此该方法的有效性和性能取决于初始输入,从而可能会遗漏给定测试套件无法覆盖的增量程序行为。

本章描述的基于反馈驱动的增量符号执行(FENSE)通过识别并跳过冗余路径探索来缓解路径爆炸问题。该方法描述的冗余路径指不会覆盖新的增量行为的执行路径,因此跳过这些路径并不会遗漏任何增量行为。具体来说,该方法是基于这样的观察:相同分支的不同选择可能会导致相同的增量行为,因此只对相应分支的其中一个选择进行增量分析是合理的。FENSE 通过在正向路径探索和反向路径总结之间进行反馈循环,来有效地探索所有不同的增量行为。具体而言,正向路径探索帮助反向路径总结收集已经探索过的路径信息,并精确计算其代码变化所产生的影响;相应地,反向路径总结使正向路径探索更多地关注可能覆盖新增量行为的路径,从而有效地探索路径。

该方法的原型工具是基于 KLEE 符号执行工具[10]来实现的,并在一组公开的软件构件基础库[190]和 GNU Coreutils 套件[191]的 C 语言程序上进行了评估。该软件构件基础库[68,190]是一个软件相关构件的存储库,旨在支持软件测试技术的可控实验;而 GNU Coreutils 套件[191]实现了许多常用的 UNIX/Linux 命令。这些基准测试程序大量使用错误检查、循环、指针和堆分配数据结构,它们的代表性使其受到广泛的应用。实验表明,在这些基准上,FENSE 比最先进的工具有显著的加速效果。

6.2 相 关 定 义

本节对符号执行的经典算法进行回顾,并介绍增量分析的几个重要定义。本节对从程序 P 更新迭代的程序 P' 引入增量分析的定义如下(设 Δ 为 P 和 P' 之间的变化集)。

定义 6-1(Δ-变量/Δ-事件/Δ-路径) Δ-变量是指沿着当前路径 π 数据/控制依赖 Δ 的变量。Δ-事件: $l \xrightarrow{\text{instr}} l'$ 只有在 instr 属于 Δ 或者数据/控制依赖当前状态定义的 Δ-变量时才被定义。路径 π 中至少有一个 Δ-事件时被称为 Δ-路径。

如图 6-1 所示,该代码片段在第 4 行包含一个代码更改。沿着路径 1T—3T(T/F 表示真/假分支选择)执行程序,根据定义 6-1 我们将在第 4 行识别一个 Δ-变量 y 和 Δ-事件,路径 1T—3T 被标识为 Δ-路径。接下来本节将使用上述定义来进一步定义增量行为。

```
1   if(m>3)      x = 1;
2   else         x = 0;
3   if(x> = 0)
4                y = 2;//change
```

图 6-1　定义解释示例

本节没有使用探索状态的序列来表示程序行为,而是将给定路径 π 的程序行为表示为沿着 π 执行的 <l,mem> 对序列。由于路径条件只影响输入空间的划分,而不影响变量的求值,因此这里并不考虑路径条件。我们认为如果在 P 中不存在与 π' 具有相同的 <l,mem> 对序列的可达路径 π',则程序 P' 的路径 π' 具有新的增量程序行为。我们形式化地定义增量程序行为如下。

定义 6-2(增量程序行为)　沿着路径 π 的增量程序行为被表示为发生在 π 上的 Δ-事件 <l,mem$_\Delta$> 序列,其中 mem$_\Delta$ 表示内存映射,它将每个 Δ-变量映射到其符号或具体值 mem$_\Delta[v]$。

我们观察到,P' 的不同路径可能包含相同的 Δ-事件序列,因此覆盖相同的增量行为。例如,路径 1T—3T 和路径 1F—3T 具有相同的 Δ-事件序列,其中只包含来自第 4 行的 Δ-事件。此外,我们还观察到一个分支的不同选择可能会导致相同的增量行为。因此,只考虑这类分支的其中一个选择进行增量分析是合理的。在本节的方法中,我们将这样的分支称为 Δ-无关分支,其形式化定义如下。

定义 6-3(Δ-无关分支)　如果分支的不同选择导致相同的增量行为,则处于状态 s 的事件 $e:l \xrightarrow{\text{br}} l'$ 中的分支是一个 Δ-无关的分支。因此,一个 Δ 无关的分支并不会引发任何新的未遍历 Δ-事件序列。

我们在之后的章节中将进一步讨论确定分支为 Δ-无关分支所需的具体条件。

6.3　增量符号执行与反馈驱动分析

本节将展开介绍全新的增量符号执行方法 FENSE,图 6-2 描述了它的整体分析框架。给定一个程序 P 和它的迭代更新版本 P'，FENSE 旨在探索覆盖由于 P 和 P' 之间的变化 Δ 导致的 P' 中增量行为的路径，同时生成相应的测试输入集 $\mathcal{T}$。FENSE 由两个主要阶段组成：静态分析阶段和增量符号执行阶段。增量符号执行基于正向路径探索和反向路径总结的反馈循环。正向路径探索使反向路径分析能够总结已经探索过的路径信息并精确计算程序变化所产生的影响，反过来它可以指导正向路径探索可能覆盖新增量行为的路径，从而有效地探索增量行为。具体来说，FENSE 总结每条已探索路径，并在路径探索期间及时有效地识别并裁剪肯定不会覆盖新程序行为的执行路径。

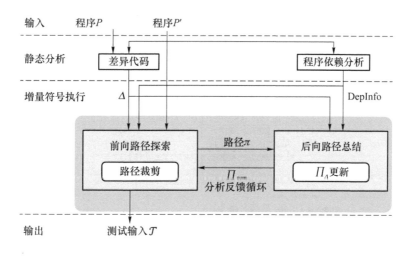

图 6-2 FENSE 的整体分析框架图

6.3.1 总体算法

算法 6-1 为 FENSE 的总体算法。首先，通过静态分析，计算 P' 中的代码变化集合 Δ（P 和 P' 之间的代码差异）和数据/控制依赖信息（由第 5 行中的 DepInfo 表示）。此外，静态分析还会收集其他信息，包括每条指令的 Def/Use 信息，并确定每个分支指令的后向支配信息。因此，收集到的静态信息将在整个增量符号执行过程中被使用，而整个分析算法是一个前向符号执行和后向路径总结之间的反馈驱动分析循环。

其次，FENSE 维护一个名为 Π_Δ 的全局键值映射表，它将沿着路径 π 的控制位置 l 映射到摘要项 $\Pi_\Delta[l]$，这是一组可能会传递影响在 π_{suf}^l 中的 Δ-事件执行的变量（π_{suf}^l 表示控制位置 l 后的后缀路径）。摘要映射创建之后在每个执行路径的末尾通过调用过程 update_summary() 来执行更新，即当第 16 行的 instr 是 abort 或 halt 时调用摘要更新。我们将在后续章节中进一步讨论 update_summary() 的具体实现，它为当前路径上所有控制位

算法 6-1: FENSE 总体算法

---

1   输入: 程序 P 和 P';
2   输出: 测试用例集合 $\mathcal{T}$;
3   // 静态分析
4   $\Delta \leftarrow diff(P, P')$;
5   $DepInfo \leftarrow computeDependencyInfo(P')$;
6   // 初始化
7   $\mathcal{T} \leftarrow \emptyset$;
8   $init\_state \leftarrow \langle true, l_{init}, mem_{init}, \emptyset \rangle$;
9   $stack.push(init\_state)$;
10 // 增量符号执行阶段
11 **while** $(\neg stack.empty())$
12      $s \leftarrow stack.pop()$;
13   用四元组 $\langle pc, l, mem, V_\Delta \rangle$ 表示 s;
14   **if** (pc 在 mem 上可满足)
15   **for** 在 $linstrl'$ 里的每个事件 e:
16   **if** ($instr$ 是终止或暂停指令)
17               $\tau \leftarrow solve(pc)$;
18               $\mathcal{T} := \mathcal{T} \cup \{\tau\}$;
19   π 为 s 当前路径;
20               $\prod_\Delta = update\_summary(\pi, DepInfo)$;
21   **else if** ($instr$ 是赋值指令)
22   **if** (e 是一个 Δ-事件)
23                  $s' \leftarrow \langle pc, l', mem[v \leftarrow exp], V_\Delta \cup \{v\} \rangle$;
24   **else**
25                  $s' \leftarrow \langle pc, l', mem[v \leftarrow exp], V_\Delta \backslash \{v\} \rangle$;
26               $stack.push(s')$;
27   **else if** ($instr$ 是判断指令)
28   **if** ($V_\Delta == \emptyset$ && Δ 沿着 l 不可达)
29   *continue*;
30   **if** (l' 属于真-分支 &&
31   相应的假-分支可达 &&
32   e 是一个基于 $\prod_\Delta$ 和 $DepInfo$ 的 Δ-无关分支)
33   *continue*;
34   **if** (没有任何赋值变化语句被探索 &&
35   沿着 l 没有任何赋值变化)
36   进行路径收缩;
37               $s' \leftarrow \langle pc \wedge c, l', mem, V_\Delta \rangle$;
38               $stack.push(s')$;
39 **return** $\mathcal{T}$;

算法 6-1   FENSE 总体算法

置计算相关变量,并将其汇总到对应的映射表中。FENSE 使用深度优先搜索策略探索路径,以保证摘要项 $\prod_\Delta[l]$ 的完整性。此外,当分支路径的假分支和真分支都可达时,FENSE 假设首先探索其假分支,我们在之后的章节中将进一步讨论不同的搜索策略如何影响 FENSE 的正确性及有效性。

最后,对于那些永远不会覆盖增量程序行为的路径或覆盖与已经探索路径相同的增量程序行为的路径,FENSE 显式或隐式地停止相应的正向符号执行。具体来说,在第 28 行检查后,FENSE 显式地在第 29 行裁剪当前路径,因为该路径不会遍历 Δ 中的任何更改信息,因此不会覆盖任何增量程序行为。当执行第 30～32 行的检查时,FENSE 显式地删除当前路径,因为该路径只涵盖与已经探索的路径相同的增量程序行为。此外,FENSE 在第 36 行进行隐式路径修剪。我们在后续章节将进一步讨论这些显式和隐式路径修剪。

6.3.2 正向符号执行

FENSE 用四元组 $<\mathrm{pc},l,\mathrm{mem},V_\Delta>$ 来描述每个状态 s,其中 V_Δ 由生成 s 的执行路径上收集的所有 Δ-变量组成,在正向符号执行过程中该集合在第 21 行处理赋值事件时被更新。具体地,对于事件 $e:l\xrightarrow{v:=\exp}l'$,如果 e 是 Δ-事件,则 FENSE 生成一个 Δ 变量,并在第 23 行将其添加到 V_Δ 中;否则,FENSE 将在第 25 行显式地从 V_Δ 中删除 v,以处理变量重新定义的情况。对于以下代码片段,它在第 1 行有一个代码更改:

```
1   x = y + 1;          // V = V ∪ {x}
...
2   x = m * 2 - 5;      // V = V \ {x}
```

FENSE 在第 1 行将变量 x 添加到 V_Δ 中,但在执行第 2 行时将其从 V_Δ 中删除。这样做是必要的,否则 V_Δ 在第 2 行执行后仍然包含变量 x。这是不合理的,因为 x 在第 2 行被表达式"m * 2−5"重新定义,而它并不是 Δ-事件。为了精确地识别 Δ-变量,FENSE 沿着每条执行路径执行一个域敏感的算法。此外,在正向符号执行过程中,FENSE 会记录每条路径上的执行轨迹 π,并将其用于后向路径汇总。

6.3.3 后向符号执行

对于反向路径总结,FENSE 通过调用算法 6-2 中描述的 update_summary(π, DepInfo)来总结每个被探索的路径后缀,以描述 Δ 如何影响给定路径 π 上的程序行为。具体而言,FENSE 维护了一个全局键值映射 Π_Δ,将路径 π 中的控制位置 l 映射到摘要汇总项 $\Pi_\Delta[l]$,$\Pi_\Delta[l]$ 由 π_{suf}^l 中所有可能传递影响 Δ-事件执行的变量组成,这些路径后缀发源于控制位置 l。对于每个位置 l,$\Pi_\Delta[l]$ 初始化为 $\perp$ 以表示一个无效的摘要项,因为初始时 FENSE 还没有分析从 l 出发的任何路径后缀。每当探索一个新的路径 π 时,它根据给定规则在 π 中的所有控制位置上更新 Π_Δ:对于每个有 n 条出边 $\{l\xrightarrow{\mathrm{if}(c_i)}l_i'$(其中 $1\leqslant i\leqslant n$)的

控制位置 l，我们将 $\Pi_\Delta[l]$ 定义为 $\bigcup_{i=1}^{n}\Pi_\Delta[l']$。

算法 6-2：沿着路径 π 更新摘要：update_summary(π, DepInfo)

```
1    V_π ← ∅;
2    for (event 是事件，沿着路径反向分析)
3        if (inst 是赋值指令)
4            if ((e 是一个受影响事件 || v ∈ V_π)
5                V_π ← V_π \ v;
6                V_π ← V_π ∪ Use(exp);
7        else if (inst 是判断指令)
8            if (e 是一个受影响事件 || inst 不是 DepInfo 上的 Δ-irrelevant 分支)
9                V_π ← V_π ∪ Use(c);
10           Π_Δ[l_1] ← Π_Δ[l_1] ∪ V_π;
11   end for
```

算法 6-2　沿着路径 π 更新摘要：update_summary(π, DepInfo)

每当路径探索产生一条新路径 π 时，FENSE 将增量地更新 Π_Δ 中 π 所含控制位置的摘要信息。具体来说，它将 $\Pi_\Delta[l]$ 沿 π 向后更新为 $\Pi_\Delta[l]\bigcup V_\pi[l]$，其中 $V_\pi[l]$ 表示从 l 开始沿 π 的路径后缀中传递影响 Δ-事件的变量集合。假设 $l_\perp$ 是 π 的最后一个位置，$V_\pi[l_\perp]$ 被初始化为一个空集合，这意味着没有变量会影响 $l_\perp$ 中路径后缀中的 Δ-事件，它是一个空事件序列。

上文定义的 Δ-无关分支对于 V_π 的更新和路径裁剪至关重要。对于状态 s 处的事件 $e:l\xrightarrow{\text{br}}l_i'$，分支 br 是一个 Δ-无关分支的前提是满足以下条件（设 V_Δ 为收集到的 Δ-变量，I 为依赖 br 的指令，l'' 为 br 的后支配位置）：

- $I\bigcap\Delta=\varnothing$；并且
- $\text{Use}(I)\bigcap V_\Delta=\varnothing$；并且
- $\text{Def}(I)\bigcap\Pi_\Delta[l'']=\varnothing$。

其中，$I\bigcap\Delta=\varnothing$ 表示 I 中没有指令属于 Δ；$\text{Use}(I)\bigcap V_\Delta=\varnothing$ 表示将不使用 V_Δ 中任何收集到的 Δ-变量；$\text{Def}(I)\bigcap\Pi_\Delta[l'']=\varnothing$ 意味着 e 控制的定义不会影响 $\Pi_\Delta[l'']$ 中的变量。因此，一个与 Δ 无关的分支将永远不会强制执行新的未探索的 Δ 事件序列。

V_π 沿着 π 中的事件向后更新每个控制位置，如下所示。

- 对于赋值事件 $e:l\xrightarrow{v:=exp}l'$，如算法 6-2 中第 4 行所示，如果 e 是一个受影响的事件或 $v\in V_\pi$，它首先从 V_π 中去掉 v，然后将其更新到 $V_\pi\bigcup\text{Use}(exp)$，其中 $\text{Use}(exp)$ 包含 exp 使用的所有变量。

- 对于分支事件 $e:l\xrightarrow{\text{if}(c)}l'$，如果 e 是一个受影响的事件或不是定义 6-3 中定义的 Δ-无关分支，则它更新 V_π 以跟踪算法 6-2 中第 9 行 c 使用的所有变量 $\text{Use}(c)$。

6.3.4 基于 Π_Δ 的显式路径裁剪

FENSE 显式地删除了两种类型的路径:①没有被标识为 Δ-路径的路径,因为此类路径不会引起增量程序行为;②当前路径遍历相同的 Δ-事件序列,从而遍历与前面已探索的 Δ-路径相同的增量程序行为。

(1)第 28 行展开的路径裁剪检查

如算法 6-1 所示,在正向符号执行过程中,在处理第 27 行分支事件时,FENSE 在第 28 行发现当前路径永远不会被识别为 Δ-路径时,立即停止对当前路径的探索。具体地,它检查当前状态收集到的 Δ-变量集 V 是否为空集,以及当前状态的执行是否不会到达代码改变集合 Δ 中的任何语句。显然,Δ-路径不会通过该行的检查,只有 Δ-事件序列为空的路径(不会表现出任何增量程序行为)才可能通过第 28 行的检查。

(2)第 30~32 行的路径裁剪检查

我们观察发现,Δ-无关分支的不同选择不会产生相同的 Δ-事件序列,因此可以裁剪与已遍历路径覆盖相同 Δ-事件序列的其他执行路径。具体地,FENSE 选择探索 Δ-无关分支中的任意一个分支并同时裁剪沿着其他选择的路径是正确且合理的。

图 6-3 进一步解释了这个想法,对于一个有两个选择的分支 br,设 I_1/I_2 是依赖它的假/真选择的语句,$I = I_1 \bigcup I_2$ 是所有依赖 br 的语句。在探索沿着前缀 $\pi_{\mathrm{pre}} \cdot I_1$ 的所有路径后,FENSE 检查沿 $\pi_{\mathrm{pre}} \cdot I_2$ 的路径裁剪是否安全。(假设有 n 个沿前缀 $\pi_{\mathrm{pre}} \cdot I_1$ 的可达路径后缀 $\langle \pi_{\mathrm{suf}_1}, \cdots, \pi_n \rangle$。)

只有当 br 被识别为定义 6-3 中定义的 Δ-无关分支时,FENSE 才能修剪 $\pi_{\mathrm{pre}} \cdot I_2$。具体来说,FENSE 检查依赖 br 的指令集合 I 中的某些指令是否使用了当前状态 s 的 V_Δ 中的 Δ-变量或者在 $\Pi_\Delta[l'']$ 中的某些变量,其中 l'' 为 l 的立即后向支配 br 的位置。如果并未使用任何上述变量,则 FENSE 发现沿着 $\pi_{\mathrm{pre}} \cdot I_2$ 的路径不会探索新的 Δ-事件序列,因此这些路径不会覆盖新的增量程序行为。

为了保证每个分支至少有一个选择会被探索,FENSE 只有在对应的假分支也是可行的情况下才会删除沿着真分支的执行路径(在算法 6-1 的第 31 行进行检查)。在默认情况下,FENSE 会在探索真分支之前探索假分支,但这样的假设并不是必需的。此外,如果将所有起源于 l 的后缀路径探索并汇总到 Π_Δ,则在位置 l 处有一个汇总项 $\Pi_\Delta[l]$。因此,FENSE 使用堆栈存储正向符号执行中要处理的状态,并使用深度优先搜索策略以

保证 Π_Δ 的完整性。

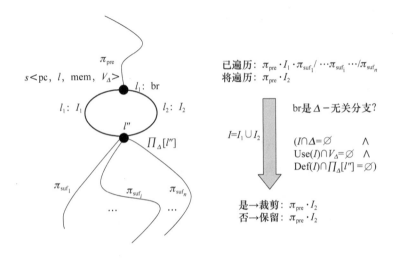

图 6-3 路径裁剪示意图

通过证明以下定理,可以断言算法 6-1 的显式路径裁剪在第 32 行是合理的。

定理 6-1 对于算法 6-1 中第 32 行裁剪的路径 π,FENSE 必定会探索一条路径 π',且该路径通过的 Δ-事件序列与 π 相同。

证明 如图 6-3 所示,假设在分支 br 处沿 $\pi_{pre} \cdot I_2$ 的路径在算法 6-1 的第 32 行被裁剪,在探索完 $\pi_{pre} \cdot I_1$ 的所有路径后,br 被识别为一个 Δ-无关分支。对于任意一条裁剪路径 $\pi = \pi_{pre} \cdot I_2 \cdot \pi_{suf_i}$,可以通过在 $\pi_{pre} \cdot I_1$ 上找到与 π_{suf_i} 具有相同 Δ-事件序列的路径后缀 π_{suf_j} 来确定一条已探测路径 $\pi' = \pi_{pre} \cdot I_1 \cdot \pi_{suf_j}$。

6.3.5 带有路径收缩的隐式路径修剪

我们观察到,具有非空序列 Δ-事件的路径可能表现出与程序 P 相同的程序行为,即它们覆盖了 P 和 P' 中相同的 $<l, mem>$ 对序列。

具体来说,分支条件的变化不会影响状态的 mem,而只影响路径条件,从而重新调整程序输入空间的划分。因此,这些变化可能导致程序 P 和 P' 中的路径表现出相同的程序行为,但具有不同的路径条件。

在图 6-4 所示的程序 P 和 P' 代码片段中,第 1 行的分支从"if(a>1)"更改为"if(a>0)"。这种变化对 mem 没有影响,只是会产生满足 $a>0 \wedge a \leqslant 1$(图 6-4 中实线的区域)的状态,即通过取 P 的假分支及 P' 的真分支得到。因此,只需要重新检查满足第 1 行的

$a>0 \wedge a \leqslant 1$ 状态。实际上，P' 满足 $a \leqslant 0 \wedge a>1$ 的路径覆盖与 P 相同的程序行为，即使这些路径有 Δ-事件的非空序列。

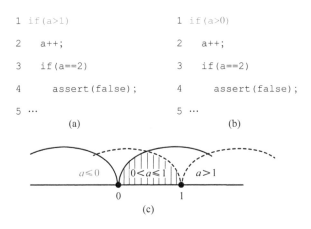

```
1  if(a>1)              1  if(a>0)

2     a++;              2     a++;

3  if(a==2)             3  if(a==2)

4     assert(false);    4     assert(false);

5  …                    5  …
        (a)                        (b)
```

图 6-4　路径收缩示意图

FENSE 采用了一种新的路径收缩方法，对 P' 中具有与 P 中相同程序行为的路径进行隐式裁剪。当在状态 $s=<\mathrm{pc},l,\mathrm{mem},V_\Delta>$ 处处理事件 $e:l \xrightarrow{\mathrm{if}(c)} l_1$ 时，若遇到分支条件的变化，FENSE 将路径条件 pc 限定为 $\mathrm{pc} \wedge c \wedge \neg c_p$，其中 c_p 为 P 对应的分支条件，称 $\neg c_p$ 为收缩条件。

只有当事件 $e:l \xrightarrow{\mathrm{if}(c)} l_1$ 通过算法 6-1 中的第 33～34 行的检查时，FENSE 才可以在状态 $s:<\mathrm{pc},l,\mathrm{mem},V_\Delta>$ 处采用路径收缩。该检查要求当前路径没有遍历过任何关于赋值语句的更改，同时在将来也不会到达任何此类语句的更改，即沿当前路径只会遇到关于分支语句的更改。该检查保守地保证了路径上的任何更改都不会影响内存映射 mem，从而不会引入增量程序行为。

在遇到多个分支语句更改时，我们仍然可以保证算法 6-1 中第 35 行隐式路径裁剪的可靠性。设路径 π 分别经过条件 c_1' 和 c_2'。设 c_1、c_2 为 c_1'、c_2' 在 P 中的对应分支条件。那么，在 $c_1' \wedge c_2'$（π 在 P' 中可达）和 $\neg(c_1 \wedge c_2)$（π 在 P 中不可达）成立的前提条件下，我们可以推导出含有两个收缩条件的路径条件 $c_1' \wedge c_2' \wedge c_1 \wedge c_2$ 的可满足性：

$$c_1' \wedge c_2' \wedge \neg c_1 \wedge \neg c_2 \xRightarrow{c_1' \wedge c_2'} \neg c_1 \wedge \neg c_2$$
$$\Rightarrow \neg c_1 \vee \neg c_2$$
$$\Rightarrow \neg(c_1 \wedge c_2)$$
$$\xRightarrow{\neg(c_1 \wedge c_2)} \mathrm{true}$$

上面的推论可以很容易地扩展到任意数量的分支变更。

6.3.6　例子阐述

本节用一个例子来说明 FENSE 是如何工作的。此外,我们将 FENSE 与 DiSE 进行比较,以证明 FENSE 可以执行更有效的增量符号执行。

图 6-5(a)中的程序有 6 个变量 x、y、m、n、a 与 b,在 Δ 的第 2 行有一个语句更改,即从条件 $a > 0$ 变为 $a \geqslant 0$。传统的符号执行工具,如 KLEE,会为每个可行路径生成一个测试输入。KLEE 为该程序一共生成了 24 个测试用例,但并不是所有的路径都包含给定语句更改 Δ 所引起的增量程序行为。

```
1   if(x>=0){

        //Δ:if(a>=0)

2       if(a>0)

3         y++;

4   }else    y--;

5   if(x+b>0)m+=y;

6   else      a++;

7   if(m>x+10)

8       m++;

9   if(m>0) n=2*n;

10  else      n--;
```

(a)

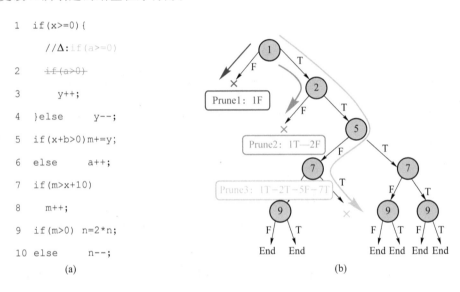

(b)

图 6-5　示例程序及其执行树

(1) DiSE 是如何工作的？DiSE[68]首先静态计算受给定语句更改 Δ 所影响的程序语句集(基于传递数据/控制依赖信息),然后使用它来指导符号执行,以探索覆盖不同受影响语句序列的路径。

例如,第 1 行的语句被标识为受影响的语句,因为第 2 行的更改依赖它的控制;第 3 行的语句也会被识别,因为它控制依赖代码更改;第 5 行的赋值被标识为受影响的语句,因为它使用了第 3 行中定义的受影响变量 y;第 5 行的分支语句会被标识,因为第 5 行受影响的定义依赖它的控制;第 7 行到第 10 行之间的语句也会被标识,因为它们是数据/控制依赖第 5 行中定义的受影响变量 m 的。最终,DiSE 判定所有可达路径都受到 Δ 的影响,从而在不进行任何路径裁剪的情况下探索完整的符号执行树。

DiSE 的分析是健壮的,不会错过由 Δ 引入的任何增量行为。然而,静态分析的不精确性可能导致 DiSE 探索未受影响的路径,如示例中沿着 1F 的路径。此外,即使 m 在路径 1T—2T—5F 上并不会受到给定代码改变的影响,DiSE 仍判定路径 1T—2T—5F—7F—9F 与路径 1T—2T—5F—7F—9T 覆盖了不同的受影响语句序列。随着可达路径后缀数量的指数级增加,识别受影响变量的不精确性造成的缺点可能变得更加显著。

(2) FENSE 是如何工作的? FENSE 由静态分析开始,计算不同程序版本间的代码变化集合 Δ(该集合只包含第 2 行的一个语句更改)以及演化程序的依赖信息。例如,第 6 行依赖第 5 行的控制,而第 5 行直接后向支配第 1 行。

在正向符号执行期间,FENSE 更新执行状态以记录每条路径上受影响的变量集合。特别地,FENSE 只沿着路径 1T—2T 记录变量 y 受到了代码更改影响。因此,m 将只沿着路径 1T—2T—5T 在第 5 行被记录。相反,DiSE 肯定会在第 5 行标识 m 为受影响变量,而不管当前状态是由哪个路径前缀生成的。

此外,FENSE 在反向路径后缀总结过程中对每个已探索的路径进行分析总结。表 6-1 给出了示例程序遵循算法 6-2 沿着路径 1T—2T—5F—7F—9F 的分析过程。通过深度优先搜索策略,FENSE 在每个位置 l_i 处收集了所有这样的变量:任意 π_{suf}^i 中的增量行为可能依赖的变量。例如,在探索前缀 1T—2T—5F—7F 的所有路径后,它在第 9 行得到一个空集,表示从第 9 行开始,没有变量会对增量行为产生任何影响。

表 6-1 示例程序 1T—2T—5F—7F—9F 路径处理

行号	事件 e	Aff(e)	Δ-ir	动作	V_π
10	n−−;	No	No	Nil	$\varnothing$
9	if(m>0)	No	No	Nil	$\varnothing$
7	if(m>x+10)	No	No	Nil	$\varnothing$
6	a++;	No	No	Nil	$\varnothing$
5	if(x+b>0)	No	Yes	Add$\{x,b\}$	$\{x,b\}$
3	y++;	Yes	No	Delete$\{y\}$,Add$\{y\}$	$\{x,b,y\}$
2	if(a>=0)	Yes	Yes	Add$\{a\}$	$\{x,b,y,a\}$
1	if(x>=0)	No	Yes	Add$\{x\}$	$\{x,b,y,a\}$

图 6-5(b)给出了采用深度优先搜索策略的 FENSE 生成的符号执行树。与完全无法展开路径裁剪的 DiSE 相比,FENSE 执行了 3 次显式或隐式路径裁剪,最终只遍历了 9 条(部分)路径,便覆盖了所有增量程序行为。

（1）在第 5 行的显式裁剪路径。FENSE 直接裁剪沿着 1F 的路径（Prune1），因为它在第 5 行发现当前状态没有标识任何受 Δ 影响的变量，同时将来也不会到达任何其他的语句更改。实际上，沿着 1F 的路径不会包含任何递增的程序行为，而只是探索给定程序 P 及其演化中的相同程序行为。

（2）在第 2 行的隐式裁剪路径。FENSE 发现只有第 2 行的变化是沿着 1T—2F 可以到达的。因此，在其路径条件"x>=0∧a<0"中添加"¬a<=0"来排除在两个程序版本中具有相同行为的状态。结果，它得到一个不满足的路径条件，并隐式裁剪沿着 1T—2F（Prune2）的路径。实际上，Δ 只会让第 2 行处满足"a==0"的状态进入真分支，但是并不会改变任何值。因此，沿着前缀 1T—2F 的路径不会受 Δ 的影响。

（3）在第 7 行的显式裁剪路径。沿着 1T—2T—5F—7F 的所有路径探索后，$\Pi_\Delta[9]$ 变得可用，它被更新为一个空集 $\varnothing$。该空集表示，在第 9 行产生的路径后缀中，没有变量会对 Δ 影响的行为产生影响。此外，在第 7 行处受影响变量集 V_Δ 是 $\varnothing$。因此，根据定义 6-3，FENSE 将第 7 行的分支识别为 Δ-无关分支。即沿着路径前缀 1T—2T—5F，第 7 行的不同选择不会引入不同的增量行为。因此，在探索完路径前缀 1T—2T—5F—7F 之后，FENSE 将安全地裁剪沿着 1T—2T—5F—7T（Prune3）的路径。

6.3.7　讨论

1. 需求导向增量分析

本章介绍的分析框架对于需求导向分析是可定制的，需求导向增量分析不是检查所有可能的增量程序行为，而是关注由一组指令集合 I_Δ 表示的与特定需求相关的程序行为。例如，当引入一个代码修改集合 Δ 来修复错误时，只关注 Δ 如何影响与修复错误对应的预设假设是合理且有效的分析方法。此时，I_Δ 只包含对应的假设。

具体而言，在面向需求的分析中，对路径执行摘要进行分析计算以找出在反向路径分析中传递性数据/控制依赖哪些变量 I_D。因此，每个摘要项包含两个变量集，即 $\Pi_\Delta[l]$ 和 $\Pi_D[l]$，其中 $\Pi_D[l]$ 表示 I_D 在 l 处传递控制依赖的变量。最后，只有当 br 不是一个 Δ-无关分支，同时 $\Pi_D[l']$ 中的某个变量依赖 br 时，才应该保留分支 br 上的不同选择，其中 l' 是直接后向支配于 br 的控制位置。

如图 6-5 中的示例，假设在第 10 行之后添加一个断言语句"assert(y! =0);"，并且只关心 Δ 如何影响断言。在探索路径 1T—2T—5F 后，第 5 行的分支将不会被识别为

Δ-无关分支。但是,路径 1T—2T—5T 可以立即被裁剪,因为 $\Pi_D[7]$ 只包含变量 y,它不依赖第 5 行分支的控制。

2. 搜索策略的影响

在算法 6-1 中,等待符号执行处理的状态存储在堆栈中,因此需要对表示所有可能执行路径的有向无环图进行深度优先搜索。在符号执行期间的任何时刻,映射表 $\Pi_\Delta[\ ]$ 都有关于已探索的公共路径后缀的最新信息,这有助于反馈驱动的增量符号执行方法及时获取路径信息。相比之下,如果算法 6-1 通过用队列替换状态堆栈来实现,则会导致采用广度优先搜索策略进行遍历,这会直接影响该方法的路径裁剪效果。因为大多数时候计算的摘要是不完整的,所以无法用于安全的路径裁剪。同样的道理也适用于其他搜索策略。本章描述的方法和原型实现是基于深度优先搜索来展开的,在未来的工作中可以结合其他搜索启发式方法来改进该方法。

当评估一个分支是否为 Δ-无关分支时,该分支上的摘要项必须是完整的。然而,当符号执行中的搜索被限制在用户指定的深度范围内时,即在给定深度范围内穷尽地探索所有可行路径时,某些路径可能只被部分探索,从而导致不完整的摘要总结。具体地,由于限定了探索范围,基于部分遍历路径的反向路径总结计算的摘要难以获取未探测的路径后缀信息。为了解决这个问题,FENSE 首先进行静态分析,生成一个向上近似的摘要 $\Pi_\Delta[l_{Br}]$,其中 Br 是边界分支,即由于给定的深度界限而跳过该分支后的路径探索,l_{Br} 为执行 Br 前的控制位置。将 $\Pi_\Delta[l_{Br}]$ 设置为包含 Br 所在函数中控制位置 l_{Br} 后全局或局部可访问的所有变量,这样的方式虽然牺牲了一定的精确性,但可以在很大程度上减少各类开销,并且该分析可以离线运行,并不依赖过程间的分析。因此,为了便于在深度范围可达时进行反向路径摘要总结,算法 6-2 中的 V_π 初始化为 $\Pi_\Delta[l_{Br}]$,而不是一个空集。

6.4 实 验 评 估

6.4.1 原型工具实现

本节在 LLVM 编译器[177]和 KLEE 符号执行工具之上实现了针对 C/C++程序的 FENSE 原型,可以处理在 KLEE 平台上工作的 C/C++应用程序。为了进行比较,我们还实现了增量符号执行工具 DiSE。这里并没有将 FENSE 与影子符号执行 Shadow[86] 进行比较，因为很难找到一个包含可以触发更新程序所有程序更改的测试输入的测试套件。同时该实验也没有与 Memoise[74] 进行比较，因为 Memoise 需要在原始程序版本上进行符号执行，而且没有在 C/C++ 程序上运行 Memoise 的公开工具。

在静态分析过程中，如算法 6-1 所示，FNESE 根据 LLVM 提供的 pass 分析和 SVF[192] 提供的域敏感 Andersen 指针分析技术来收集依赖信息（DepInfo）。此外，本节使用 May-Alias 而不是 Must-Alias 信息进行保守分析，来保证分析的健壮性。

6.4.2 实验对象和实验设置

本节在一组来自 SIR(软件构件基础库)和 GNU Coreutils 套件的 C 程序上进行了实验，SIR 是一个软件相关构件的存储库，旨在支持软件测试技术的控制实验，而 GNU Coreutils 套件实现了许多最常用的 UNIX/Linux 命令。本节使用标准的 Clang/LLVM 工具集将这些程序转换为 LLVM 字节码，这些字节码和用户命令行注释的符号变量一起被 FENSE 作为输入。在实验中，每个工具分析被测程序的时间限制为 1 h(即 3 600 s)。所有的实验都是在一台双核 Linux 机器上进行的，配备 2.7 GHz Intel i5 CPU 和 2 GB RAM。

实验通过以下几个问题来评估 FENSE。

- 正确性:FENSE 是否能够检测出所有由标准符号执行检测工具 KLEE 所标识的错误?
- 有效性:在现实应用中，FENSE 比 DiSE 可以多裁剪多少条指令和路径?
- 效率:在实际应用中，FENSE 是否可以比 DiSE 消耗更少的时间?
- 开销:FENSE 的计算开销有多大?

6.4.3 SIR 实验

SIR 的子项目 tcas 是一个高度耦合的程序，具有复杂的控制和数据依赖性。SIR 总共有 41 个版本的 tcas 和相应的测试套件，每个版本在数量更改和类型更改方面都有所不同，包括操作数突变、操作符突变、缺失代码等。我们在测试套件中运行测试用例，并手动插入断言语句以捕获每个版本中引入的错误。

首先，为了确保本节技术的正确性，我们在 41 个版本的 tcas 上检查工具实现的健壮性,并观察到 DiSE 和 FENSE 捕获了 KLEE 能捕获的所有错误。此外,高耦合程序中的变化会影响大多数路径,因此增量符号执行技术要实现对这些变化的探测并且大幅减少探索的指令和路径是一项巨大的挑战。通过实验观察到,在 tcas 上,FENSE 平均比 DiSE 多裁剪了 5% 的指令,同时获得了 7% 的加速比。DiSE 在所有 tcas 版本上都得到了很少的裁剪,因为几乎所有的指令都被 DiSE 静态地识别为受程序变化影响的指令。

除了 tcas 外,还在另外 3 个 SIR 测试套件上进行了实验,即 totinfo、replace 和 printtokens2,结果如表 6-2 所示。实验中为每个测试文件随机选择两个版本和两个不同数量的符号输入,如表 6-2 中"输入"一列所示。由于有些测试文件有不同数量的符号输入,本节针对每个测试文件进行了两组实验:一组实验设置是 KLEE 可以在 1 h 内终止的最大输入数量 len;另一组实验设置是输入数量为 len+1 的输入。结果表明,FENSE 可以明显减少探索的指令和路径的数量。此外,对于相同的程序,输入空间越大,FENSE 的加速比越大。表 6-2 中未展示 DiSE 的结果,因为其在探索的指令和路径上减少的比例非常小。

表 6-2 SIR 实验结果

程序	代码行	版本	输入	♯指令比 FENSE/KLEE	♯路径比 FENSE/KLEE	时间/s		时间 加速比
						KLEE	FENSE	
totinfo	564	V2	9	11.46%	28.79%	1 363	191	7.14
		V2	10	9.56%	23.95%	TO	504	>7.14
		V5	9	13.72%	34.61%	1 231	281	4.38
		V5	10	8.58%	25.79%	TO	698	>5.16
replace	563	V7	6	3.05%	10.86%	1 412	938	1.51
		V7	7	2.86%	10.18%	TO	1 751	>2.06
		V10	6	7.73%	15.76%	722	558	1.29
		V10	7	9.52%	12.35%	TO	1 532	>2.35
printtokens2	569	V2	4	31.17%	40.61%	1 842	1 270	1.45
		V2	5	38.82%	39.63%	TO	1 887	>1.91
		V4	4	32.07%	40.98%	1 749	1 015	1.72
		V4	5	31.74%	39.07%	TO	1 679	>2.14

6.4.4 GNU Coreutils 实验

本节在 GNU Coreutils 套件上进行了实验,以评估 FENSE 在现实程序中的效率和有效性。为了分析不同的变化集 Δ,本节使用 Mutate++[193]生成每个程序的变异版本。它是一个开源程序突变测试工具,可以创建源代码的各种类型的编译版本,包括更改操作数、操作码、常量和整行删除。之前的一些研究已经表明,软件变异是软件测试[194-196]中真实错误的有效替代品。对于每个测试程序,随机选择 1~5 个变异程序并将其组合起来进行评估,其中有些变异程序包含多个更改。

我们在实验中丢弃那些无法正常编译的变异程序。此外,实验只考虑 KLEE 可以在限定时间内终止的测试程序。最后,对 79 个测试程序进行了实验,对于每个 GNU 套件程序,输入 1~3 个符号参数,每个符号参数的最大长度为 2。对于与文件交互的实用程序,实验中提供了两个大小为 10 的符号文件。其中共有 16 个实用程序〔用星号(＊)表示〕,DiSE 在正常结束前会耗尽时间,而 FENSE 能在 1 h 内正常终止。此外,DiSE 和 FENSE 在 8 个工具上都超时了。

1. 有效性

对于 DiSE 和 FENSE 都在 1 h 内终止的测试文件,FENSE 比 DiSE 平均少探测 33％的指令和 40％的路径。

在大多数情况下,FENSE 可以在很大程度上裁剪冗余路径。为了验证这一结果,实验进一步检查 DiSE 和 FENSE 在 1 h 的时间限制内正常终止程序的结果。图 6-6 展示了与 DiSE 相比,FENSE 探索不同指令比例的程序的分布。具体来说,在 51％的实际程序中,FENSE 执行的指令不到 DiSE 的 20％。在 11％的测试文件中,FENSE 探索了略多的指令(如图 6-6 中所示＞100％的比例),这是因为 DiSE 依赖静态分析进行修剪,而 FENSE 依赖摘要计算,所以需要额外探索程序的某些部分。不过根据实验评估发现,基于摘要计算的分析对 FENSE 的效率几乎不会产生任何负面影响。此外还发现,基于摘要计算的分析方法平均可以裁剪约 60％的路径。

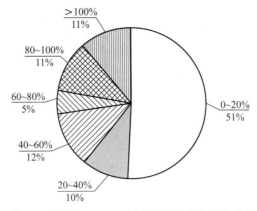

图 6-6　与 DiSE 相比,FENSE 探索不同指令比例的程序的分布

2. 效率

本节比较了在 1 h 内 DiSE 和 FENSE 都可以终止的测试程序中,二者所消耗时间成本,结果表明,FENSE 在 70％以上的程序上用时更短。平均而言,FENSE 达到了大约 9 倍于 DiSE 的速度,其中,对于具有更多可达路径的程序或者使用标准符号执行需要更长的时间探索所有路径的程序,FENSE 实现了更高的加速比,并且其中有 16 个测试程序,FENSE 在 1 h 内完成了探索,而 DiSE 没有在规定时间内终止。

通过进一步分析我们发现,在两种类型的程序中,FENSE 比 KLEE 和 DiSE 要慢。一种是可达路径很少的程序,因为即使是标准的符号执行也可以很快终止。因此,对于这类程序,如 cksum、hostname 和 nohup,FENSE 几乎没有获得加速。另一种是有大量可达路径的程序,但是大多数执行路径受到代码变化的影响,因此很少有可以被裁剪的路径,如 cat、chgrp 和 unexpand。

3. 开销

与标准符号执行相比,FENSE 在内存消耗和执行时间方面都有开销。具体而言,FENSE 需要计算并记录依赖信息 DepInfo、执行跟踪 π 和摘要 Π_Δ。

在内存消耗方面,FENSE 消耗的内存大约平均是 DiSE 的 3 倍。然而,在大约 70％的情况下,FENSE 消耗的内存比 DiSE 多 1 倍。通过进一步检查发现,一些程序消耗大量内存的主要原因是这些程序(如 tee、tail 和 yes)有非常长的执行轨迹,这会消耗大量内存来记录它们。未来工作可以探索一种更有效的跟踪记录方法,以降低该技术的内存消耗。

在大多数情况下,计算开销(用于静态分析、反向路径摘要分析和路径裁剪检查)只占总运行时间成本的小部分。平均而言,大约 60％的时间花在路径探索上。更重要的是,尽管计算开销较大,但 FENSE 仍为实际程序带来了相当大的加速比。

4. 多个程序变化的分析

在检查不同数量更改对有效性和效率造成的影响时,实验发现更多的变化导致 FENSE 探索更多的路径和指令,消耗更多的内存和时间。以程序 mknod 为例,在关注两个程序更改时,FENSE 只探索了 384 条路径,而当增加一个程序更改时,FENSE 则探索了 5 904 条路径。

在执行时间方面,实验结果显示,在大多数情况下,计算开销只占整个运行时间的一小部分。平均而言,大部分时间(约 60%)都花在路径探索上。尽管有计算开销,但 FENSE 仍可以大大提高实际程序的运行速度。

5. 实际提交的案例研究

为了检查 FENSE 在实际提交时是如何工作的,本节对 GNU Coreutils 中两个程序的连续提交进行了案例研究:dd 和 seq。具体而言,对于每个程序,实验选择了两次连续代码修改提交。

对于 dd,所选的两个提交分别为"修复带符号整数的 printf 格式"(第一个提交 0e7ac9a4609248663af76f202418dabf1c13efbe)和"避免新的 coverity 警告"(第二个提交 b9842a615366b47cbd0739d97f2dd2679dfbb3a8)。在没有增量分析的情况下,KLEE 在 dd 的两个对应版本上执行了完全的符号执行,并分别在 568 s 和 570 s 内终止。与 KLEE 相比,FENSE 在两个版本上分别获得了约 113 倍和 2 倍的加速。

为 seq 选择的两个提交用于修复错误:"当开始值没有精度时,修复与-w 的不一致"(第一个提交 326e5855bc8dd3d0c5b2c0e461c65879d2b5694d)和"seq: fix to always honor the step value"(第二个提交 326e5855bc8dd3d0c5b2c0e461c65879d2b5694d)。对于两个 seq 版本,KLEE 超出了 1 h 的时间预算,而 FENSE 正常终止。此外,与 KLEE 相比,FENCE 获得了超过 5.9 倍和 3.6 倍的加速。

6.4.5 有效性威胁

该实验外部有效性的主要威胁来自测试程序的代表性以及用于模拟程序变更的变异程序选择。具体来说,来自 SIR 的程序相对较小,因此本节也用 GNU Coreutils 来进行评估,该测试套件由许多真实的和中等规模的程序组成,这一威胁需要在更多真实的项目上进行更多的研究来进一步解决。该实验内部有效性的主要威胁是算法设计和 DiSE 实现中的潜在错误。然而,本节通过对实现进行广泛的测试,并检查在 41 个 tcas 版本中发现的回归错误,控制了这种威胁。

本 章 小 结

增量符号执行通过关注程序迭代过程中代码变化引入的增量行为,限定分析范围并提高分析规模。随着技术的发展,该研究仍然面临着如何有效且精确地探索增量程序行为的挑战。本章描述了一种有效的增量符号执行方法 FENSE,它可以检查当前路径是否包含与已探索路径不同的增量行为。具体来说,该方法通过在每个分支位置记录可能诱发不同增量行为的变量来总结已探索路径的行为。该方法在保证探索所有增量行为的前提下,在测试用例生成过程中裁剪与之前已探索路径覆盖相同增量行为的其余路径,从而可使所需探索路径指数级地减少。原型工具 FENSE 实现了在本章中所描述的方法,该方法在一组真实的应用程序上进行了实验。与已有方法相比,实验结果表明,该方法在减少探索路径数量和执行时间方面具有良好的效果。

第 7 章
级联式错误定位方法

在程序调试中,调试人员需要耗费大量的时间和精力分析导致错误发生的根本原因。本章介绍一种迭代的级联式错误定位方法,它将最弱前置条件计算及约束求解技术相结合生成原因树(cause tree),以帮助调试人员加快烦琐的调试过程。通过原因树的辅助分析,在大多数情况下调试人员在标识真正的错误原因之前只需要分析很小一部分原因树。

7.1 方 法 简 介

软件测试与错误调试被认为是整个程序开发周期中成本最昂贵的阶段,而错误定位又是错误调试的关键所在。错误定位是指跟踪错误的传播并标识真正导致错误发生的程序语句。尽管在软件工程研究领域已有大量工作关注开发自动化的错误定位方法,但是大部分方法都要求有一个充分的测试集,以提供足够的成功执行路径与失败执行路径[29-31,145]。这类错误定位方法主要是通过比较失败执行路径与成功执行路径来展开的,它们往往在某些应用领域是非常有用的,如程序的版本更新[32]以及并发程序[197]。然而这类方法往往并不匹配通常的软件开发过程,因为调试人员往往倾向于仅仅关注单条错误执行路径,而并非将错误执行路径与大量的正确执行路径相比较。此外,为了与错误执行相比较,尽管可以为错误程序生成大量的正确执行,但是保证这些正确执行与错误执行的"相似"性本身就是一个巨大的挑战。

本节通过图 7-1 描述的程序来引入一种基于最弱前置条件计算的级联式错误定位方法。该程序有 3 个输入变量,分别表示三角形的 3 条边长(以递减顺序排列)。该程序根据三角形的类型(包括等边三角形、等腰三角形、直角三角形和一般三角形),使用不同的面积公式计算其面积。第4行语句用于为每个参数显式地赋符号值。在具体执行中,参数 t1、t2、t3 会被传递进来的实际参数所替换。

```
1   int area(int a, int b, int c){
2       int class;
3       double s, area;
4       a = t1, b = t2, c = t3;        //自动添加的符号值:t1, t2, t3
5       if(a >= b && b >= c){
6           class = SCALENE;
7           if(a == b || b = c)
8               class = ISOSCELES;
9           if(a * a != b * b + c * c)   //正确条件应该为 (a * a = b * b + c * c)
10              calss = RIGHT;
11          if(a = b && b = c)
12              class = EQUILATERAL;
            switch(class){
13              case RIGHT:
14                  area = h * c/2; break;
15              case EQUILATERAL:
16                  area = a * a * sqrt(3)/4; break;
17              default:
18                  s = (a + b + c)/2;
19                  area = sqrt(s * (s - a) * (s - b) * (s - c));
            }
        }else{
20          class = ILLEGAL;
21          area = 0;
        }
22      assert (area == ORACLE);     //错误
23      return area;
24  }
```

图 7-1   一个计算三角形面积的程序

第9行存在一个程序实现错误,正确的判断条件语句"$(a * a == b * b + c * c)$"被错误地写为"$(a * a != b * b + c * c)$"。在测试输入$\langle t1 \equiv 6, t2 \equiv 5, t3 \equiv 4\rangle$的驱动下,程序的具体执行路径为$\langle 2-7, 9-11, 13-14, 22\rangle$,该执行路径在经过第22行时会产生断言失败错误。其中,ORACLE 表示变量 area 在给定测试用例下的正确三角形面积(约为 9.92)。在理想情况下,错误定位工具会告诉调试人员,第9行的缺陷导致第22行断言失败。然而,大部分全自动错误定位方法都无法给出如此精确的信息。

本章描述的错误分析方法会从第22行失败语句开始沿着反向错误执行路径构造一

个无量词的一阶逻辑公式。该逻辑公式为断言谓词(area==ORACLE)成立时的最弱前置条件，它表示该谓词在错误执行路径中成立时所需满足的最低约束条件。当最弱前置条件对应的逻辑公式变为不可满足约束时，它会停止路径遍历及最弱前置条件计算。由于它在错误执行路径中假设第 22 行处的谓词(area==ORACLE)是成立的，而这个假设与谓词(area≠ORACLE)成立的事实相违背，因此该方法能保证在反向到达路径起点之前最弱前置条件肯定会变为不可满足公式。本章使用约束求解器 Yices[178] 检查公式的可满足性。

本章将通过图 7-2 所示的简单程序片段解释该方法的具体执行流程。在输入向量 $\langle t \equiv 1 \rangle$ 的驱动下，程序会在第 3 行发生断言失败错误。从第 3 行的断言失败处出发，该方法首先初始化最弱前置条件公式为(y==1)。然后，当反向分析到达第 2 行时，变量 y 被替换为 $x+1$，因此产生更新后的新约束条件为(x+1==1)。最后，最弱前置条件计算在第 1 行处停止，因为将变量 x 替换为 t 之后会到产生不可满足公式(t+1==1)(当前执行路径的输入向量为 $\langle t \equiv 1 \rangle$)。在图 7-1 所示的例子中，路径的反向变量会在第 4 行停止，并产生如下较为复杂的不可满足公式：

$$(t2 * t3/2 = = ORACLE)\&\&(class = = RIGHT)\&\&(t1\ != t2)\&\&(t1 * t1\ != t2 * t2 + t3 * t3)$$
$$\&\&(t2\ != t3)\&\&(t1\ != t2)\&\&(t2 > = t3)\&\&(t1 > = t2)\&\&(t1 = = 6)$$
$$\&\&(t2 = = 5)\&\&(t3 = = 4)$$

其中，t1、t2 与 t3 的值分别为 6、5 与 4。然而，并不是该公式中所有的约束都对断言失败有贡献。例如，从该公式中去除约束(class==RIGHT)后它仍然是不可满足公式，因此被去除的约束与整个最弱前置条件的不可满足性无关。如果持续去除所有其他的无关约束，则最后会产生一个最小不可满足核心(UNSAT core)。它是包含最少约束的不可满足约束集合，从该集合中移除任何约束都将会使整个公式变为可满足约束集合。这个例子的不可满足核心为(t2 * t3/2==ORACLE)&&(t2==5)&&(t3==4)。

```
1    x  =  t;
2    y  =  x +1;
3    assert  ( y == 1);
```

图 7-2　简单代码片段

尽管最后产生的不可满足核心在某种程度上解释了程序断言失败的原因(因为谓词 5 * 4/2==9.92 不成立)，然而这些信息并不足以有效帮助调试人员分析错误。因此，本章描述的错误定位方法将不可满足核心的约束映射到源程序的相关语句中。具体来说，该方法将对最小不可满足核心中的约束条件有影响的程序语句作为导致错误发生的可能原因。例如，第 14 行就是其中一条对约束(t2 * t3/2==ORACLE)有影响的语句，因为 t2 * t3/2 是通过执行 area＝＝b * c/2 赋值而产生的。7.2.1 节将详细介绍从约束到程序语句的映射算法。

尽管一些其他方法也会利用最小不可满足核心,并计算各种变化的最弱前置条件,如 BugAssist[1,128] 以及依赖错误不变量计算的方法[129-131],但是这些方法主要关注寻找某个可能的错误原因,它们往往通过启发式策略决定最有可能导致错误发生的根本原因,然而本章介绍的方法用于系统化地生成所有可能导致错误发生的原因。

在标识第一个错误原因后,下一个需要考虑的问题是赋值语句"area＝b * c/2"是不是导致错误发生的原因。对于这个例子来说,答案是肯定的。因为如果将该赋值语句修改为"area＝sqrt(s * (s−a) * (s−b) * (s−c))"(其中,s 被定义为 $s=(a+b+c)/2$),那么该断言错误在给定的测试向量驱动下就不会发生。然而不幸的是,这个原因并不是导致错误发生的根本原因,因为真正的错误原因是第 9 行的条件表达式。这就是全自动化错误定位方法所面临的主要挑战:通常无法在忽略调试人员的领域知识的情况下,完全实现自动化程序错误定位。在忽略调试人员的领域知识或者完全不考虑调试人员意图时,本章介绍的错误定位分析方法旨在计算错误发生的所有可能原因,进而让调试人员自己决定根本原因。因此,它是一个半自动化的错误定位方法。

以上例子强调了计算多个可能错误原因的重要性,因为第一个错误原因通常并不是错误发生的根本原因。如果在得到导致第 14 行错误的第一个原因之后便停止分析,那么调试人员将无法获得任何关于第 9 行真正错误的信息。

为了在产生第一个错误原因之后仍然能继续分析其他可能的错误原因,本方法使用第 4 章定义的关键谓词,它会驱使该方法展开迭代的最弱前置条件计算以标识其他可能的错误原因。本章通过图 7-3 所示的简单示例来说明关键谓词的必要性。第一个关键谓词是 (x＝＝0),它对应着发生的断言错误本身。第一个最弱前置条件产生的原因包括第 1 行、第 4 行与第 5 行。然而,如果调试人员认为这几行都是正确的,那么第 3 行中的谓词会被标识为关键谓词,因为如果取反第 4 行的谓词判断结果,那么前一个不可满足核心及对应的错误原因就不会形成。然后,该方法从第二个关键条件(y!＝1)出发,并产生第二个错误原因

```
1    x  =  0;

2    y  =  1;

3    if  ( y  ==  1)

4        x  =  x +1;

5    assert  ( x ==0);
```

图 7-3　阐述关键谓词的代码片段

（由第 2 行与第 3 行组成）。因为不存在其他更多的关键谓词，且调试人员否决了第一个错误原因，因此产生的第二个错误原因为导致错误发生的根本原因。而该例子中的断言错误确实是可以通过将第 2 行修改为(y＝0)或者将第 3 行修改为(y!＝1)来修正的。

对于本节描述的示例程序来说，该方法在标识第 14 行的第一个错误原因后，会选择第 13 行作为新的最弱前置条件计算起点，因为该条件决定第 14 行是否会被执行。第 13 行中的谓词条件在取反后为(class !＝RIGHT)，该条件会避免触发断言失败的第 14 行语句执行。从第 13 行取反后的条件出发计算最弱前置条件，会得到第二个不可满足核心(RIGHT !＝RIGHT)。导致它产生的程序语句包括第 13 行与第 10 行。类似地，第 9 行、第 5 行与第 11 行中的谓词都会在后续分析中被识别为关键谓词。第 9 行中的谓词被标识是因为它会通过影响第 13 行语句中的谓词结果，间接导致断言错误的发生。第 5 行中的条件被标识为关键条件是因为它会影响第 22 行中变量 area 的取值。第 11 行中的条件也是关键条件，因为它可能会影响第 13 行中变量 class 的取值。虽然第 12 行在给定的错误执行路径中并未被执行，但是简单的静态程序分析可以评估它对这次执行产生的影响。注意，该方法并不会将第 7 行中的谓词标识为关键谓词，因为它可以通过简单的静态分析发现该语句对变量 class 的影响会被语句第 10 行所阻隔，因此第 7 行所产生的影响将无法到达失败执行路径中的第 13 行。用相同的方法从第 9 行出发会发现第三个不可满足核心($6^2＝5^2＋4^2$)，它将约束映射到源程序后得到的错误原因为{9,4}。

生成的错误原因被组织为树结构，图 7-4 给出了一个原因树示例。树中的每个节点表示一个错误原因，每个节点的标号由组成相应原因的语句行号集合表示。这些语句包含关键条件的语句及对关键条件在最弱前置条件计算中有贡献的转换语句。其中，包含关键条件的行号以粗体显示（如果取反该条件的取值，错误可能不会发生）。而其他语句主要用于解释关键条件的形成原因。图 7-4 的边表示错误原因之间的因果关系。

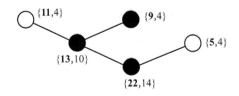

图 7-4　图 7-1 中 assert 错误的原因树

原因树中的每个原因都包含自我解释的上下文，因此它可以帮助调试人员理解错误原因的形成过程，进而帮助调试人员决定该原因是不是错误发生的根本原因。例如，图 7-4 中的原因{9,4}实际上是说明第 4 行中变量的初始化而导致公式($6^2＝5^2＋4^2$)不成立,进而也说明了应该修改第 9 行的语句。

尽管图 7-4 所示的原因树能帮助调试人员检查产生错误的原因,但实际上程序的错误调试仍然是一个漫长而烦琐的过程。当存在大量可能的错误原因时,使用本章介绍的错误定位方法是非常有效的。因为除了为每个错误原因提供相关上下文解释该原因的形成以外,该方法还会给出这些原因之间的复杂因果关系。可以按需构建错误原因树,例如,利用程序员的领域知识来裁剪与错误无关的原因。当调试人员确定某个错误原因与发生的错误无关时,可以移除所有通过该良性原因传播而产生的所有后续原因。这样做的结果是最终会从原因树中移除大量无关的原因节点(移除整个以良性原因为根节点的子树)。

7.2　级联式错误定位

图 7-5 描述了实现本章描述的错误定位方法工具 CaFL(Cascade Fault Localization)的架构设计。CaFL 也是基于第 4 章介绍的最弱前置条件计算框架实现的。它首先使用 LLVM 编译框架[177] 作为前端转换被测程序,然后利用 KLEE[10] 重现给定测试向量驱使的错误执行路径。CaFL 的关键步骤是通过迭代分析产生指导调试人员分析错误根本原因的错误原因树。树的根节点解释了导致错误发生的最直接原因。从根节点出发的其他所有错误原因都传递性地解释错误原因,这些原因是根据它们与根节点之间的因果关系在分析过程中逐步产生的。整个算法会在调试人员找到错误的根本原因之后或者完成所有错误原因计算后停止。

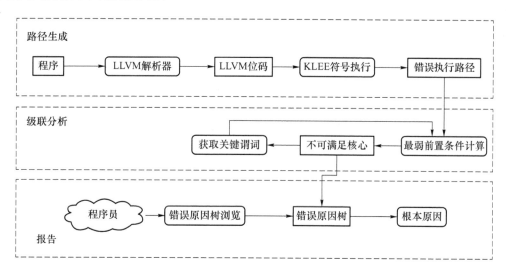

图 7-5　CaFL 的架构设计

下面首先详细解释计算错误原因的算法,然后介绍从已标识的错误原因出发计算其他可能的错误原因的算法,最后给出整个递归分析方法的算法流程。

7.2.1 错误原因的标识

并不是错误执行路径中的所有语句都与发生的错误有关。本章介绍的级联式错误定位方法的第一个目标是标识直接导致错误发生的指令集合。设 s^n 为执行路径 $\pi^{0,n}$ 的最后指令实例,$s^n.p$ 表示失败的断言谓词。$s^n.p$ 的取值为 false 是断言失败的原因。即如果断言谓词为 $(\neg s^n.p)$ 而不是 $(s^n.p)$,那么就会避免错误发生。因此,该方法希望找出执行路径前缀 $\pi^{1,n-1}$ 导致 $\varphi_n = (\neg s^n.p)$ 成立的原因。

由 φ_n 与 WP 的定义可知,存在某个索引值 $0 \leqslant i \leqslant n-1$ 使 $\mathrm{WP}(\pi^{i,n-1}, \varphi_n)$ 变为不可满足公式。因为在给定的测试输入下,φ_n 的假设与事实是相矛盾的。因此,算法会在 WP 的计算过程中检查更新后 WP 的可满足性。

设 $\mathrm{WP}_{\mathrm{unsat}}(\varphi_n)$ 为反向最弱前置条件计算中得到的第一个不可满足公式。根据可满足性理论,每一个不可满足公式都有一个最小不可满足核心(UNSAT core)[198-199]。不可满足核心为公式约束集合的某个子集,它是一个仍然不可满足的约束子集。最小不可满足核心是由这样的约束子集组成的:从该子集中移除任何一个约束后,余下的约束构成的公式将是可满足的。这里将最小的不可满足核心记为 $\mathrm{WP}_{\mathrm{unsat}}^{\min}$。现在流行的 SAT 与 SMT 约束求解器(如 Yices[178])都能用于计算不可满足公式的最小不可满足核心。

尽管 $\mathrm{WP}_{\mathrm{unsat}}^{\min}$ 本身有助于错误定位,但是不可满足核心并不能提供足够的信息帮助调试人员定位源码中与错误相关的程序语句。设 p_l' 为 $\mathrm{WP}_{\mathrm{unsat}}^{\min}$ 中的某个约束。为了反馈给调试人员一个有意义的错误原因,本章介绍的错误定位方法会进一步将 p_l' 映射到对 p_l' 有影响程序语句中。假设 p_l 为经过语句转换后最终产生 p_l' 对应的原谓词。那么算法会把所有参与将 p_l 转换为 p_l' 的赋值语句都当作组成错误原因的一部分。因为正是这些赋值语句的执行才最终产生了不可满足核心约束 p_l'。

设 TI_p 表示沿着指定路径谓词 p 的转换实例集合。对于失败执行路径 $\pi^{0,n}$ 及对应的失败断言 $\varphi = \neg s^n.p$,将其错误原因定义如下:

$$\mathrm{cause}_\varphi = \bigcup_{p \in \mathrm{WP}_{\mathrm{unsat}}^{\min}} \mathrm{TI}_p$$

算法 7-1 描述了计算失败执行路径 $\pi^{0,k}$ 产生错误原因的伪代码。其输入包括路径前缀 $\pi^{0,k-1}$ 以及失败断言语句 s^k。与前文的讨论一样,$\varphi = (\neg s^k.p)$ 表示执行的另一种结果,它保证 WP 在计算过程的某个点变成不可满足公式（7.2.2 节将说明 s^k 并不仅仅表示执行路径的最后一条失败断言语句）。在最弱前置条件中计算得到的公式是由一个约束集合组成的合取范式。在每次迭代后向计算中，算法都会检查公式 $WP_\varphi = WP(\pi^{i,n-1}, \varphi)$ 在更新后的可满足性。该公式的更新要么增加一个新约束（在第 13 行的分支语句处），要么通过赋值语句替换当前公式中的某个变量（由第 5 行或第 9 行处调用的 update 函数表示）。在 WP_φ 变成不可满足公式时，算法 7-1 利用 SMT 约束求解器计算公式 WP_{unsat}^{min} 的不可满足核心。最后一个 for 循环计算导致断言语句失败的错误原因，它将不可满足核心 WP_{unsat}^{min} 中所有谓词的转换语句实例都加入错误原因 $cause_\varphi$。

对于表 4-1 描述的例子，公式 WP 会在步骤 12 变成不可满足公式，该公式的不可满足核心是 $2+2=3$。设 s_i 为第 i 行对应的指令实例。根据算法 7-1，该错误执行路径产生的原因为 $\{s_8, s_4, s_3, s_2, s_0\}$。注意，$s_2$ 被标识为 s_8 中条件的一个转换语句实例，因此它被包含于该错误原因中。

算法 7-1: computeCause($\pi^{0,k-1}$, s^k) – 计算 s^k 产生的原因

    Data: 失败的断言条件 $\phi = (\neg s^k.p)$;
    Result: $cause_\phi$;
1   $WP_\phi.add(\phi)$;
2   $i = k-1$;
3   **for** $i \geq 0$ **do**
4 | **if** s^i 是赋值语句 $v := e$ **then**
5 | $update(WP_\phi, s^i, v, e)$;
6 | **end**
7 | **if** s^i 是断言语句 $assume(c)$ **then**
8 | $WP_\phi.add(c \wedge \bigwedge_{p \in c \wedge q \in (\Phi(p) - \{p\})} c(q/p))$;
9 | **end**
10 | **if** WP_ϕ 不满足 **then**
11 | $WP_{unsat}^{min}(\phi) \leftarrow getUnsatCore(WP_\phi)$;
12 | $break$;
13 | **end**
14 | $i--$;
15 **end**
16 **for** 每个 $p \in WP_{unsat}^{min}(\phi)$ **do**
17 | $cause_\phi.add(TI_p)$;
18 **end**
19 **return** $cause_\phi$;
20 *Procedure update($WP, s, oldVar, newExpr$)*;
21 **for** WP 中的每个结合 c **do**
22 | **if** c 使用 $oldVar$ **then**
23 | $c = c[newExpr/oldVar]$;
24 | $TI_c.add(s)$;
25 | **end**
26 **end**

算法 7-1   computeCause($\pi^{0,k-1}, s^k$)

7.2.2 更多可能错误原因的标识

算法 7-1 计算导致失败执行 $\pi^{0,n}$ 产生的一个可能原因。然而，原则上存在多种方法可以避免断言失败。其中一种方法是修改某个错误原因 TI_φ 中的某个或多个转换实例，进而阻止形成该原因对应的不可满足核心。然而这种最直接的错误修改当且仅当在 TI_φ 为导致错误发生的真正原因时才有意义。另一种避免错误发生的方法是使某个或多个转换语句实例在执行中不可达。这种情况表明，TI_φ 并不是导致错误发生的根本原因，因为算法需要关注 TI_φ 以外的其他语句实例。对于后一种方法，算法需要扩展当前的算法以分析 TI_φ 以外的其他语句实例。

本节将描述的迭代分析算法基于已生成的错误原因计算更多其他可能的错误原因。给定当前 TI 的转换实例，算法首先标识影响 TI 中实例执行的分支语句实例。这些分支语句实例中的谓词则为关键谓词（见 4.2.2 节中的定义）。关于 TI 的关键谓词集合 CC_{TI} 被定义为 $\text{CC}_{\text{TI}} = \bigcup s^i \in \text{TI}\{s^j \mid (s^j \leadsto s^l) \vee (s^j \leftrightsquigarrow s^l)\}$。通过关键谓词的标识与分析，该算法可以检测执行忽略错误[119]，这类错误是由于未执行程序中某个需要被执行的语句而产生的。

考虑图 7-6 中的例子，执行路径 $\langle 1,2,3,6,7 \rangle$ 会产生断言失败错误，因为在第 7 行中变量 d 的值是 4，而不是期望的值 5。使用 7.2.1 节描述的算法，算法标识的第一个错误原因是 $\text{TI}_\varphi = \{1,6,7\}$。假设 TI_φ 并不是导致错误发生的根本原因，即无法通过将第 1 行从"c＝1"修改为"c＝2"，将第 6 行从"d＝c＋3"修改为"d＝c＋4"，或者将第 7 行中的"d＝＝5"修改为"d＝＝4"来修订断言错误的发生。在这种情况下，算法会检查第 6 行的行为是否可以被间接地修改。

```
1   int a = 2, b = 1, c = 1, d = 0;

2   if(a > 0){

3       if(b < 0)

4           if(c != 2)

5               c = 2;      //end if \@L4

6           d = c + 3;      //end if \@L3

    }                       //end if \@L2

7   assert(d == 5);
```

图 7-6　计算关键谓词的一个例子

基于关键谓词的定义易知第 2 行中的谓词是关于第 6 行的关键谓词，因为它控制第

6 行是否会被执行。同样,第 3 行中的谓词也是关于第 6 行的关键谓词,因为如果该谓词在执行中的值为 true,那么未被执行的语句第 5 行将被执行,从而第 6 行会使用重新定义的变量值 c。由于只考虑对执行语句实例的直接和间接影响,因此算法不会将第 4 行的谓词标识为关键谓词。

在取反这两个关键谓词后将它们作为算法 7-1 的第二个参数输入,算法 7-1 可以分别标识第 2 行中"a<=0"与第 3 行中"b>=0"不成立的原因(分别表示为 cc1 与 cc2)。最终得到两个相应的错误原因:$\mathrm{TI}_{cc1} = \{1, 2\}$ 与 $\mathrm{TI}_{cc2} = \{1, 3\}$。

本章描述的错误定位方法不同于已有的动态切片技术[116]。特别地,在图 7-6 所示的例子中,动态切片方法会标识第 1 行、第 2 行与第 6 行、第 7 行,但是不会标识第 3 行,因为有潜在影响的语句通常都会被排除在外。然而只有调试人员将第 3 行的"(b<0)"改为"(b>0)"才能真正修复缺陷。

算法 7-2 描述了计算关键谓词的伪代码,它是根据 4.2.2 节中的定义实现的,同时作了如下的修改。对于每个转换语句实例 $s^l \in TI$,算法只选择反向路径中第一个不由 s^l 反向控制的语句实例 s^j(第 2 行、第 3 行),因为其他的关键谓词会在后续迭代分析中不断被标识。事实上,这种增量式计算是非常有益的,因为它使得有效的原因裁剪变得可能。在任何时候,当调试人员确定当前关键谓词与所出现的错误无关时,他们可以避免分析由此关键谓词衍生的其他相关原因(在原因树中对应于以该关键谓词所在原因为根节点的子树)。

算法 7-2: ComputeCC(TI) – 为 TI 计算关键谓词

Data: 当前的转换语句集合 TI;
Result: TI 的关键谓词集合 CC_{TI};

1   **for** 每个转换语句实例 $s^l \in TI$ **do**
2   只选择反向路径中第一个不由 s^l 反向控制的语句实例 s^j;
3    $CC_{TI}.add(s^j)$;
4   **for** 每个被 s^l 读取的 var **do**
5   s 为 s^l 语句前最后一个对 s^l 所使用变量 var 进行赋值的语句;
6   **for** s 和 s^l 之间的每个分支实例 s^x **do**
7   **if** $indInf(s^x, var) == true$ **then**
8       $CC_{TI}.add(s^x)$;
9   **end**
10   **end**
11   **end**
12   **end**
13 **return** CC_{TI};

算法 7-2   ComputeCC(TI)

在算法 7-2 中,第 4 行至第 11 行处理间接影响。设在执行路径中,s 为 s^l 语句前最

后一个对 s^l 所使用变量 var 进行赋值的语句。在后向分析中, s 与 s^l 分别表示间接影响的上下边界。对于每个由 s^l 使用的变量 var,第 6 行的循环分析 s 与 s^l 之间的每个分支实例 s^x,并标识可以间接影响变量 var 的分支谓词为关键谓词集合 $\text{indInf}(s^x, \text{var})$。图 7-6 中第 3 行语句的谓词即为关键谓词。

7.2.3 顶层算法的描述

算法 7-3 描述了迭代顶层分析算法。它的输入为失败执行路径 $\pi^{0,n}$,输出为发生错误的失败原因树。关键谓词集合 S_{cc} 被初始化为 $(s^n, 0)$,它表示失败断言谓词。而引起该谓词失败的直接原因为原因树的根节点。算法 7-3 从集合 S_{cc} 中移除第 i 次迭代的关键谓词(其中 $i \geqslant 0$),同时执行最弱前置条件计算分析该谓词的不可满足核心。

算法 7-3: $\text{topAlg}(\pi^{0,n})$ – 级联式错误分析顶层算法

    Data: $\pi^{0,n}$;
    Result: *causes*;
1 $S_{cc} \leftarrow \{(s^n, 0)\}$;
2 **while** $S_{cc} \neq \emptyset$ **do**
3   从 S_{cc} 中移除 (s^k, i) ;
4      $TI = computeCause(\pi^{0,k-1}, s^k)$;
5      $causes.add(TI, i)$;
6      $CC = computeCC(TI)$;
7      $S_{cc} = S_{cc} \cup \{(c, i+1) | c \in CC\}$;
8 **end**

算法 7-3　$\text{topAlg}(\pi^{0,n})$

接下来,算法 7-3 将不可满足核心映射到转换语句集合 TI。每个 TI 对应一个第 i 次迭代产生的错误原因,该原因对应原因树中与根节点距离为 i 的原因节点。此外,算法 7-3 会从该原因出发标识第 $i+1$ 次迭代的关键谓词 CC。将 CC 加入 S_{cc},并继续递归分析算法直到所有关键谓词都被递归标识,或者(未在算法伪代码中显示)调试人员发现错误发生的根本原因,进而提前结束整个分析过程。

在整个递归算法中,任何新标识的关键谓词都可以作为参数传递到算法 7-1,以产生对应的错误原因。该迭代分析会产生多个错误原因,它们都可能是导致错误发生的真正原因,因为对它们所含任何语句的修改可能都会避免最后错误的发生。为了帮助调试人员分析生成的错误原因,本章介绍的方法将错误原因按照生成的顺序以及彼此间的因果关系组织为树结构。图 7-4 就是一棵由多个原因组成的原因树。

7.3 优 化 策 略

由 7.2 节描述算法所构建的原因树可能会较大,尤其是对于含有复杂的控制依赖和数据依赖的程序。与标准的程序调试一样,调试人员可能不得不在标识真正的错误原因之前分析大量的间接错误原因。这也正是错误定位面临挑战的主要原因。本节将描述多种优化策略以加速错误原因树的构建,并通过动态的裁剪以减少原因树的大小。而且,这些优化策略会减少调试人员在标识真正错误原因过程中所需分析的代码量。

7.3.1 切片处理错误执行路径

错误执行路径的长度对算法的效率有直接影响。因此,在应用迭代错误定位分析算法之前,本节描述一种遵循动态切片原则[116]的类似于数据流等式的方法[62],其用于移除执行路径中与错误无关的程序语句实例。

切片准则被定义为 $c = (s^n, V)$,其中,s^n 表示失败的程序语句,V 表示语句 s^n 中使用的程序变量集合。设 $def(s)$ 与 $ref(s)$ 分别表示在语句实例 s 中定义与使用的变量集合。假设辅助集合 R_C^i 记录语句实例 s^i 中直接或间接影响 C 的变量集合。其中,集合 R_C^i 是沿着反向执行路径 $\pi^{0,n}$ 按照下面的规则计算的集合:

$$R_C^i = \begin{cases} V, & i = n \\ \{v \mid v \in R_C^{i+1} \wedge v \notin def(s^i)\} \bigcup \{v \mid R_C^{i+1} \bigcap def(s^i) \neq \varnothing \wedge v \in ref(s^i)\}, & \text{其他} \end{cases}$$

当 $i \neq n$ 时,集合 R_C^i 为两个子集的并集。第一个子集包含 R_C^{i+1} 中除了在 s^i 处被重定义以外的所有变量。第二个子集包含在语句实例 s^i 中被引用的所有变量,包括该子集的条件为 s^i 重新定义 R_C^{i+1} 中的某个变量,该条件被表示为 $R_C^{i+1} \bigcap def(s^i) \neq \varnothing$。

此外,条件 TF 描述这样的事实:如果执行路径中的语句实例 s^i 数据或者控制依赖 s',或者它们之间存在间接影响关系,那么应该将该语句加入程序切片中。TF 被定义为

$$TF = def(s^i) \bigcap R_C^{i+1} \neq \varnothing \parallel ctrdep(s^i, s') \parallel \exists v \in R_C^{i+1} \wedge indInf(s^i, v)$$

其中,s' 表示最新添加到切片中的语句。当 s' 控制依赖 S 时,$ctrdep(s, s')$ 的值为 true。

最后,我们基于 R_C 与 TF 的定义给出 S_C^i 的计算规则。该集合表示对执行路径 $\pi^{i,n}$ 执行切片之后剩下的程序语句集合。S_C^i 的定义如下:

$$S_C^i = \begin{cases} S_C^{i+1} \bigcup s^i, & TF = true \\ S_C^{i+1}, & 其他 \end{cases}$$

7.3.2 指定正确实现函数

实际上,某些程序代码通常会被程序员认为是正确实现部分。例如,通常使用标准 C 程序库中的函数,如函数 strcmp。为了利用领域相关的信息裁剪错误原因树,CaFL 定义分析范围为标准库函数及调试人员指定为正确实现函数以外的其他函数。

当被标识的关键谓词 cc 处于分析范围以外时,CaFL 并不会从 cc 出发计算错误原因。相反,CaFL 会将 cc 映射到分析范围中最近的函数调用点(表示为 cs)。接着,调用点 cs 被当作计算关键谓词的新起点,因为有缺陷的函数产生的不正确值可能会通过函数调用链传播到正确函数中。而且,如果调试人员确定某个正确实现函数不会对程序的其他部分产生任何副作用,那么 CaFL 直接使用该函数调用的具体值而不是符号值。这个优化不但可以简化最后构建的原因树,同时也可以加快对应的最弱前置条件计算的过程。

图 7-7 描述了一条含有 3 个函数调用(函数调用点 $\{cs_1, cs_2, cs_3\}$、函数入口点 $\{e_1, e_2, e_3\}$ 以及函数返回点 $\{r_1, r_2, r_3\}$)的错误执行路径。当被指定为正确实现的函数 f_2 中的谓词被标识为关键谓词 cc 时,如果函数 f_1 在分析范围内,那么 CaFL 将 cc 映射到调用点 cs_3。如果 f_1 仍然是指定的正确实现函数,那么 CaFL 会将 cs_3 进一步沿着函数调用栈继续执行映射,直到到达分析范围内的调用点 cs_1。

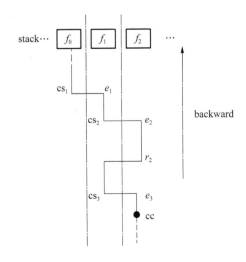

图 7-7 将关键谓词映射到分析范围内的函数调用点(跳过指定的正确函数)

7.3.3 简化 SMT 求解器查询

约束求解可能成为迭代分析算法效率的瓶颈,因为它依赖调用 SMT 求解器检查最弱前置条件的可满足性,并在其不可满足时计算最小不可满足核心。在通常情况下,含较少约束的 SMT 查询所需时间更短。因此,在将 WP 公式传递到 SMT 求解器之前,CaFL 可以先去除与求解 WP 公式的可满足性无关的约束条件。

如果约束 c_i 与 c_j 共享一个或者多个变量,那么 c_i 与 c_j 被定义为相交。假设存在这样的约束链:$<c_i,c_{i+1},\cdots,c_{j-1},c_j>$,该链中的任何两个相邻的约束都是相交的,那么 c_i 与 c_j 是传递相交的。例如,因为 $c_1:(x>y)$ 与 $c_2:(y<z+2)$ 相交,并且 $c_2:(y<z+2)$ 与 $c_3:(z<0)$ 相交,所以 c_1 与 c_3 是传递相交的。

从经验上看,在实际程序的最弱前置条件计算产生的公式中,只有小部分约束是传递相交的。设 c_n 表示关于失败断言谓词的 WP 公式的约束集合。如果某约束不与 c_n 中的任何约束传递相交,那么该约束被当作冗余的,因此可以被裁剪。除了加速 SMT 约束求解,该优化也可以减少调用 SMT 求解器的次数。特别地,当 WP 中新加入或更新的约束 c_i 并不传递相交于当前分析的谓词 cc 时,算法可以跳过对更新后 WP 公式可满足性的检查。例如,在表 4-1 中阐述的最弱前置条件计算步骤 8 中,CaFL 不会在变量 x 被更新为 $x+2$ 时检查更新后最弱前置条件的可满足性,因为更新后的约束不相交于失败的断言谓词。

这个优化并不同于 7.3.1 节描述的动态切片技术。程序的动态切片会排除所有并不数据或者控制依赖失败断言的语句。然而,该优化并不会排除与当前检查条件不传递相交的谓词条件。例如,在图 7-6 中描述的程序代码中,当向后分析到达第 3 行时,最弱前置条件更新为 (c+3==5)∧(b>=0)。第 3 行不会在切片阶段被删除,但是在使用求解器相关的优化处理后检查关键谓词 (c+3==5) 的可满足性时,CaFL 不需要将约束 b>=0 传递到 SMT 求解器中,因为它们是不相交的约束。事实上,CaFL 不会在第 3 行处调用 SMT 求解器,因为约束 (c+3==5) 的可满足性已经在前面的分析中判断过,所以当前对 WP 公式的更新不会影响它的可满足性。

7.3.4 处理循环与递归

循环或者递归调用的执行可能会导致较长的执行路径,进而生成大量错误原因,且

这些错误原因包含的大多数转换语句实例都会被映射到某些相同的程序语句中。例如，在图 7-8 描述的代码中，错误执行路径为

$$<S_1^1,S_2^2,S_3^3,S_4^4,S_5^5,S_6^6,S_8^7,S_4^8,S_5^9,S_6^{10},S_8^{11},S_4^{12},S_5^{13},S_6^{14},S_8^{15},S_4^{16},S_5^{17},S_7^{18},S_{10}^{19}>$$

在计算产生第一个错误原因 $\{S_1^1,S_6^6,S_6^{10},S_6^{14},S_{10}^{19}\}$ 后，下面 3 个语句实例中的谓词都会被标记为关键谓词：S_5^5、S_5^9 与 S_5^{13}。

```
1   a = 7, b = 5, c = 0;
2   if(b != 0)// error: b == 0
3       a = 8;
4   while(a > 0){
5       if(a > b)
6           c++;
        else
7           break;
8       a--;
9   }
10  assert(c == 2);
```

图 7-8　执行路径为 $<1,2,3,4,5,6,8,\cdots,4,5,7,10>$ 的代码块

表 7-1 描述了这 3 个关键谓词对应的错误原因以及每个原因所含转换语句实例对应的语句行号。尽管最后两个错误原因含有不同的转换实例，但是它们对应相同的源程序语句。在含有循环或者递归调用的实际程序中，这种情况非常常见。例如，如果 a 的初始值是 100 而不是 7，那么将会有 100 个错误原因被映射到相同的源程序语句序列 $\{5,8,3,1\}$ 中。

表 7-1　在图 7-8 的循环迭代中产生的错误原因

关键谓词	原因	语句
S_5^5	$\{S_5^5,S_3^3,S_1^1\}$	$\{5,3,1\}$
S_5^9	$\{S_5^9,S_8^7,S_3^3,S_1^1\}$	$\{5,8,3,1\}$
S_5^{13}	$\{S_5^{13},S_8^{11},S_8^7,S_3^3,S_1^1\}$	$\{5,8,3,1\}$

对于这类情况，CaFL 为调试人员提供了一个选项以跳过这些连续迭代分析。特别地，对执行路径的每个分支语句实例 S_{br}，CaFL 检测 S_{br} 是否发起一个新的循环，并标识开始的两个及最后一个循环迭代。目前该优化策略只关注只执行相同循环体的简单循环。尽管最弱前置条件在所有的循环迭代中都会计算，但是只有在标识的迭代中标识关键谓词。而实验结果表明，这个优化策略在实际程序中是非常有效的。而且，该优化策略在实际测试程序中并不会错过任何错误的根本原因。

7.4 方法评估

本节介绍基于第 4 章描述的最弱前置条件计算框架实现的级联式错误定位分析工具 CaFL。为了计算不可满足逻辑公式的不可满足核心,该框架将 KLEE 使用的约束求解器 STP[16] 用 Yices[178] 来替换。具体来说,CaFL 首先将 C 程序转换为 LLVM 中间代码,然后在执行迭代分析前利用 KLEE 发现新的错误执行路径或者重现已知的错误执行路径。

本节主要使用两个测试程序集评估原型工具 CaFL。第一个为西门子测试程序集[190],该测试集被广泛应用于错误定位方法的评估[30,135]。第二个测试程序集来自真实的 Linux 应用程序,包括来自 Busybox[200] 与 GNU Coreutils[191] 的应用程序。所有程序都是在这样的实验配置平台上完成的:2.66 GHz 双核 Intel CPU,4 GB 内存。

7.4.1 西门子测试程序集评估

本节首先给出 CaFL 在程序 tcas 中的实验结果,然后给出西门子测试程序集中其他 6 个程序的实验结果。

1. 关于 tcas 程序的实验结果

tcas 是一个飞行碰撞检测系统,该程序连续监测雷达系统信息,从而获取可能产生的碰撞。tcas 是一个小的但是比较复杂的程序,它有 143 行代码。实验将测试 tcas 的 41 个不同缺陷版本,这些程序共有 1 600 个可以触发错误的测试输入。tcas 的 41 个缺陷版本包含多种缺陷类型,如错误操作符、不正确的常量使用、不正确的控制流等。为了实验评估的目的,我们手动比较每个缺陷版本与正确版本,并将缺陷版本中与正确版本不同的程序部分作为导致缺陷发生的根本原因。此外,每个缺陷程序被注入一条断言语句,其谓词表示程序的实际输出等于期望的正确输出。因此,在实验评估中缺陷程序的执行最终都会发生断言错误。

表 7-2 给出了关于所有 41 个 tcas 程序版本的实验结果。第 1 列和第 2 列给出缺陷程序版本号以及对应版本所含错误语句数。TC♯ 下的两列分别表示所有失败的测试执行数与 CaFL 能正确标识根本原因的执行数。当某个错误执行包含多个缺陷语句时,只有在 CaFL 能标识所有被执行过的缺陷语句时才能认为它是准确的。列 "C%" 表示在给定执行路径中错误原因树中的语句实例占整个执行路径的平均比例。列 "L" 表示由 CaFL 表示的根本错误原因在原因树中的距离。列 "时间" 表示 CaFL 分析错误执行路径耗费的平均时间。

表 7-2 CaFL 应用于 tcas 多版本程序的实验结果

版本号	E#	TC# All	TC# Det	C%	L	时间/s
v1	1	131	131	8.2	2	0.058
v2	1	69	69	12.2	3	0.055
v3	1	23	23	7.3	2	0.057
v4	1	20	20	8.2	2	0.055
v5	1	10	10	8.2	2	0.054
v6	1	12	12	7.5	2	0.053
v7	1	36	36	13.4	3	0.058
v8	1	1	1	13.7	3	0.052
v9	1	7	7	14.6	3	0.057
v10	2	14	14	7.9	2	0.050
v11	3	14	14	9.4	3	0.042
v12	1	70	70	8.2	2	0.054
v13	1	4	4	7.5	2	0.055
v14	1	50	50	5.0	2	0.031

版本号	E#	TC# All	TC# Det	C%	L	时间/s
v15	1	10	10	6.6	2	0.051
v16	1	70	70	11.2	3	0.054
v17	1	35	35	11.3	3	0.060
v18	1	29	29	11.3	3	0.060
v19	1	19	19	11.3	3	0.061
v20	1	18	18	13.2	3	0.051
v21	1	16	16	12.2	3	0.054
v22	1	11	11	10.4	3	0.057
v23	1	41	41	10.5	3	0.053
v24	1	7	7	10.8	3	0.059
v25	1	3	3	5.4	2	0.065
v26	1	11	11	7.5	2	0.053
v27	1	10	10	6.7	2	0.053
v28	1	76	76	12.4	2	0.054

版本号	E#	TC# All	TC# Det	C%	L	时间/s
v29	1	18	18	12.7	2	0.059
v30	1	58	58	12.4	3	0.057
v31	3	14	14	5.2	2	0.049
v32	3	2	2	3.1	2	0.055
v33	4	89	89	6.7	1	0.011
v34	1	77	77	6.4	2	0.050
v35	1	76	76	11.5	3	0.057
v36	1	120	120	1.1	1	0.065
v37	1	93	93	10.2	3	0.063
v38	1	91	91	6.7	1	0.012
v39	1	3	3	4.9	2	0.064
v40	2	120	120	3.4	2	0.062
v41	1	20	20	5.8	2	0.053
—	—	—	—	—	—	—

对于程序 tcas 的所有缺陷版本,CaFL 都可以标识对应的根本错误原因,且所需的分析时间几乎都可以忽略不计。版本 v11 含有一个缺失代码错误,即该程序版本缺失了一些必不可少的程序语句。对于版本 v11,CaFL 能正确标识导致错误发生的根本原因,因为该程序版本只是缺少程序语句的某个部分而不是整个程序语句。该程序中含有缺陷的语句"if(A)"的正确实现应是"if(A&&B)"。

2. 比较 CaFL 与 BugAssist

表 7-3 所示为在 tcas 的 41 个缺陷版本上比较 BugAssist[19,128] 与 CaFL 的实验结果,BugAssist 工具是从网站上下载并安装的。对于每个缺陷 tcas 程序版本,实验比较在标识错误发生的真正原因时 CaFL 与 BugAssist 分别需要分析的程序语句数。同时,列"比例"显示了两个语句数的比例。比例小于 1 意味着,与 BugAssist 相比,CaFL 在标识真正的错误语句之前需要分析更少程序语句。在平均情况下,由 CaFL 标识的程序语句数占 BugAssist 的 86%。

表 7-3　在 tcas 程序上比较 CaFL 与 BugAssist 的实验结果

版本号	语句数			版本号	语句数			版本号	语句数		
	CaFL	BugAssist	比例		CaFL	BugAssist	比例		CaFL	BugAssist	比例
v1	6	11	0.55	v15	11	13	0.85	v29	10	12	0.83
v2	11	13	0.85	v16	8	8	1.00	v30	9	9	1.00
v3	15	17	0.85	v17	7	4	1.75	v31	5	7	0.71
v4	6	12	0.50	v18	7	4	1.75	v32	4	10	0.40
v5	15	14	1.07	v19	7	4	1.75	v33	1	1	1.00
v6	12	5	2.40	v20	6	13	0.46	v34	5	14	0.36
v7	11	5	2.20	v21	14	12	1.17	v35	9	9	1.00
v8	8	13	0.62	v22	15	23	0.65	v36	2	14	0.14
v9	10	10	1.00	v23	9	8	1.13	v37	7	3	2.33
v10	12	6	2.00	v24	10	14	0.71	v38	5	2	2.50
v11	7	9	0.78	v25	7	12	0.58	v39	6	3	2.00
v12	15	14	1.07	v26	11	14	0.79	v40	4	15	0.27
v13	12	14	0.86	v27	11	14	0.79	v41	6	12	0.50
v14	3	1	3.00	v28	10	9	1.11	Avg	8.51	9.93	0.86

然而比较这两种方法所标识的语句数并不能说明所有的问题。因为 BugAssist 返回的结果是导致错误发生的最可能的原因,而 CaFL 会给出所有可能的错误原因。因此,BugAssist 可能会错过引发错误的缺陷程序语句。实验中也确实存在多个这样的错误程序。然而不幸的是,受到 BugAssist 的前端对 C 程序处理能力的限制,BugAssist 难以处

理实际应用程序,进而难以在实际程序中比较 BugAssist 与 CaFL 的定位效果。

3. CaFL 应用于所有西门子程序的实验结果

CaFL 分析西门子测试集中其他 6 个程序的结果如表 7-4 所示。除了 tcas 以外,schedule2 与 schedule 是两个优先调度程序,totinfo 计算给定数据集的统计结果,printtokens 与 printtokens2 是两个词法分析器,而 replace 是执行模式匹配与替换的程序实现。由于这些程序的规模较小,因此该实验的目标是评估 CaFL 定位错误发生的真正原因的精确性与有效性,而不是关注 CaFL 的具体执行时间。只有在 CaFL 构建的错误原因树包含调试人员标识的真正错误原因时,才会认为 CaFL 的计算结果是准确的。而当 CaFL 构建的错误原因树较小时,CaFL 是有效的。

表 7-4　在西门子程序上比较 CaFL、动态切片与相关切片

程序名	行数	Trace#	V#	动态切片(DS)			相关切片(RS)			CaFL			
				DV#	$C\%$	时间/s	DV#	$C\%$	时间/s	DV#	$C\%$	时间/s	Level
tcas	143	276	40	40	56.2	0.01	40	88.5	0.01	40	8.7	0.04	2
schedule2	564	8 327	3	2	44.3	1.54	3	87.3	1.56	3	9.6	4.52	2
schedule	374	7 623	3	2	61.3	2.11	3	75.3	2.25	3	4.2	6.12	2
tointfo	565	4 377	6	4	46.2	3.07	6	81.3	3.11	6	10.5	5.73	2
printtokens2	523	5 094	7	4	27.0	2.15	7	73.7	2.38	7	4.8	13.71	3
printtokens	726	3 469	5	4	58.5	1.12	5	81.5	1.44	5	3.0	5.11	2
replace	512	12 458	6	4	46.2	2.47	6	88.2	3.69	6	7.6	7.87	2
average	487	5 946	10	**8.6**	**48.5**	1.78	**10**	**82.3**	2.06	**10**	**6.9**	6.16	2.1

此外,本节还比较了 CaFL 与两个相关方法(动态切片[117]与相关切片[118])的分析结果。第 1~4 列分别表示被测程序名、代码行数、错误执行路径的平均长度以及被测程序的缺陷版本数。余下的列分别给出动态切片、相关切片以及 CaFL 的分析结果。表 7-4 显示了每种分析方法能正确标识错误根本原因的版本数量(DV#)、标识的与错误相关的语句实例占执行路径的百分比($C\%$)以及相应的执行时间(以秒计算)。CaFL 的子列"Level"表示发现的真正错误原因在错误原因树中到根节点(导致错误发生的最直接原因)的长度。

总体来说,动态切片技术错过了 9 个缺陷程序的真正错误原因,并将执行路径中 48.5% 的指令实例都标识为错误相关,而且这些错误都是执行忽略错误[119],这类缺陷导致某些应该被执行的语句未被执行。为了处理这类错误,相关切片在分析中使用了隐含依赖的概念。因此,相关切片可以找到所有被动态切片方法忽略的错误原因。然而,该方法将 82.3％的执行语句实例都标识为错误相关,因此该方法并不能有效地排除错误无关的执行语句实例。相反,CaFL 能成功标识所有缺陷产生的根本原因,并且只保留执行路径中 6.9％的语句实例。与动态切片和相关切片相比,这样的分析结果是显著有效的。

7.4.2　Busybox 与 Coreutils 评估

接下来讨论 CaFL 应用于来自 Busybox[200] 与 GNU Coreutils[191] 的缺陷程序的实验结果。Busybox 是嵌入式 Linux 网络设备(如无线路由)的标准实用程序,它将多个标准 Linux 实用程序捆绑为单个可执行程序。GNU Coreutils 总共含有 7.21 万行 C 程序代码,实现了在 Linux 系统中使用最频繁的命令,如 ls、mkdir 与 top。

这组实验从 Busybox 1.4.2 与 GNU Coreutils 6.10 中选择了 12 个有缺陷的测试程序。图 7-9 给出用于重现被测程序的错误执行路径的命令以及命令行参数。接下来的章节首先详细分析两个测试程序:来自 Busybox 的程序 arp 与来自 GNU Coreutils 的 mkdir 程序,然后给出其他测试程序的分析结果。

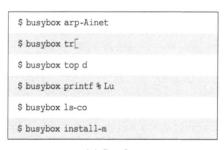

```
$ busybox arp-Ainet

$ busybox tr[

$ busybox top d

$ busybox printf % Lu

$ busybox ls-co

$ busybox install-m
```

(a) Busybox

```
$ paste-d \\abedefghijklmnopqrstuvwxyz

$ mkdir -Z a b

$ mkfifo -Z a b

$ mknod -Z a b p

$ ptx x t4.txt

$ seq -f % 0 1
```

(b) Coreutils

图 7-9　触发 Busybox 与 GNU Coreutils 程序中错误的命令(文件 t4.txt 的内容为“a”)

1. 关于 arp 程序的分析结果

arp 实用程序管理 Linux 内核的网络缓存,可以从缓存中添加或者删除网络数据包,或者显示当前内容。使用命令“busybox arp -Ainet”可以重现 arp 程序实现的 bug:

图 7-10 中代码第 6 行会因为访问非法内存而崩溃。在实验前，调试人员需手动在程序崩溃点添加断言语句"assert(name !＝NULL)"，此程序崩溃的真正原因是行第 477 行。在第 478 行使用 hw_type 之前，应该检查硬件类型 ARP_OPT_H 的掩码而不是地址族 ARP_OPT_A 的掩码。也就是说，正确的语句应该是"if(option_mask32＆ARP_OPT_H ‖option_mask32＆ARP_OPT_t)"。因为命令行并未提供 H 选项或者 t 选项，所以 hw_type在第 469 行的 getopt32 函数中被设置为 NULL。通过参数的传递，get_hwtype 函数中 name 的值也为 NULL，从而导致第 5 行中的错误（字符串比较函数 strcmp 的参数不能等于 NULL）。

```
1  const struct hutype *get_hutype(const char *name){
2   const struct hwtype * const *hwp;
3   hwp = hwtypes;
4   while(* hvp!= NULL){
5      assert(nane!=NULL);
6      if(!strcmp((*hwp)->name,nane))//crash point
7          return(*hwp);
8       hwp++;
9   }
10 return NULL;
11}

446 int arp_main(int argc,char **argv){

       …
       // set mask in option_mask32
469    getopt32(argc,argv,"A:p:H:t:i:adnDsv",&protocol,&protocol,&hw_type,
           &hw_type, &device);

       …
477       if (option_mask32 & ARP_OPT_A||option_mask32 & ARP_OPT_p{//error
478           hw = get_hwtype(hw_type);
           …
```

图 7-10　Busybox 中错误程序的代码块（bug 为行 477 中的条件表达式）

接下来描述 CaFL 如何帮助调试人员标识导致程序 arp 缺陷发生的真正错误原因。第一个产生的原因包括第 5 行与第 478 行，它说明谓词 name≠NULL 与实际参数 hw_type是冲突的，因为变量 hw_type 的实际值为 NULL。在检查了这个错误原因之后，调试人员发现参数是异常的，但是第 478 行本身是正确的。基于这样的已有分析，CaFL 标识第 477 行中的谓词（option_mask32＆ARP_OPT_A）为关键谓词，因为它控制第 478 行是否会被执行。事实上，如果 else 分支既未提供选项 H，也未提供选项 t，那么程序将经过正确的执行。

从第 477 行开始,迭代分析算法执行新一轮关于谓词(option_mask32&ARP_OPT_A
==FALSE)的最弱前置条件计算。CaFL 产生的第二个错误原因包括第 477 行、第 469
行及函数 getopt32 中某些省略的为变量 option_mask32 赋值的语句,这些赋值语句设置
地址族(而不是硬件类型)掩码。通过分析第 477 行与第 469 行,有足够领域知识的调试
人员会在这个错误原因中发现真正的程序错误。在程序调试过程中,CaFL 可以显著地
减少调试人员需要分析检查的程序代码量。尽管错误执行路径包含 32 479 条指令实例,
但是只需要检查其中的 28 条(约 0.086%)。

2. 关于 mkdir 程序的分析结果

GNU Coreutils 的 mkdir 应用程序用于创建新的目录。在实验中,缺陷版本在命令
"mkdir -Z a b"的驱使下会产生程序崩溃。调试人员可以通过 KLEE 重现该错误,并分
析对应的错误执行路径。然而,此较为复杂的错误原因跨越了来自 4 个不同文件的 9 个
函数,因此调试人员难以手动分析并标识错误语句。而 CaFL 可以将相关语句以阶梯状
结构组织,如图 7-11 所示。

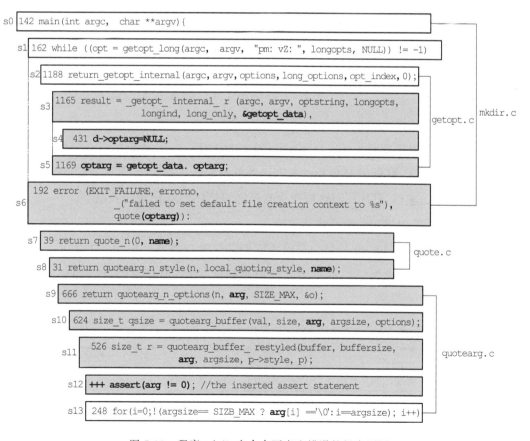

图 7-11　程序 mkdir 在命令下产生错误的根本原因

在文件 quotearg.c 的第 248 行之前添加的程序语句"assert(arg！＝0)"表示程序应满足的条件。导致错误发生的根本原因中包含的语句为⟨s3,s4,s5,s6,s7,s8,s9,s10,s11,s12⟩,加粗表达式表示错误值的传播。下面将解释该错误原因导致错误发生的过程。

- 步骤 1:s3 将变量 getopt_data 作为参数传递到函数_getopt_internal_r,该函数在 s4 处将结构体的域 optarg 设置为 NULL。此后全局变量 optarg 被赋值为 get_data.optarg,而此时 getopt_data.optarg 的值为 NULL。
- 步骤 2:s6 调用函数 quote,调用参数为 optarg,该参数在语句 s12 处通过函数 quote_n、quotear_n_style、quotearg_n_optioins、quotearg_buff 及 quotearg_buffer_restyled 的参数传递最终被传递到变量 arg。
- 步骤 3:断言语句 s12 失败,因为变量 arg 的值为 NULL。

真正的错误语句是 s6,它调用函数 quote 时的参数应该为 scontext 而不是 optarg。除了语句 s6,CaFL 标识的根本错误原因也包含其他 9 条程序语句,它们是帮助调试人员理解错误形成原因所必不可少的。

3. 关于 Linux 应用程序的分析结果

表 7-5 所示为 CaFL 分析来自 Busybox 与 Coreutils 的 12 个缺陷程序的结果。该实验的目标是评估 CaFL 在各种启发式优化策略辅助下的有效性,它比较以下 4 种启发式策略的组合。

- None:没有任何优化策略。
- C+L:指定正确函数(Correct functions)与循环(Loop)优化的组合策略。在这种策略组合下,将标准 C 库中的所有函数都指定为正确函数,如 strcmp 函数。
- SO+SL:求解(SOlving)性能优化与动态切片(SLicing)组合策略。
- All:7.3 节中描述的所有优化策略。

实验中将优化策略 C 与 L 组合是因为它们的目的都是减小原因树的大小。而将策略 SO 与 SL 组合是因为它们都不会改变原因树的大小,但是它们可以加速原因树的构建。

表 7-5　将 CaFL 的不同优化策略应用到 Busybox 与 GNU Coreutils 中的结果

程序名	Trace#				Line#				C%			
	总数	策略 C	策略 S	策略 CS	None	C+L	SO+SL	All	None	C+L	SO+SL	All
arp	32 405	7 399	9 215	5 505	—	102	124	102	—	3.19	7.23	3.19
tr	15 993	10 828	4 739	3 857	36	24	36	24	5.11	3.58	5.11	3.58

续 表

程序名	Trace #				Line #				C%			
	总数	策略 C	策略 S	策略 CS	None	C+L	SO+SL	All	None	C+L	SO+SL	All
top	32 127	7 719	9 111	5 968	—	140	158	140	—	1.73	9.26	1.73
printf	9 150	5 650	5 362	4 166	96	72	96	72	6.52	2.13	6.52	2.13
ls	35 769	8 462	11 724	6 186	—	91	123	91	—	3.24	5.42	3.24
install	31 999	7 591	8 856	5 692	—	82	115	82	—	2.02	8.32	2.02
paste	10 183	5 159	5 816	3 535	68	53	68	53	11.68	4.55	11.68	4.55
mkdir	13 492	7 504	7 539	5 469	77	69	77	69	14.72	4.85	14.72	4.85
mkfifo	12 854	6 896	6 971	4 931	74	64	74	64	16.66	6.33	16.66	6.33
mknod	13 176	7 082	7 026	4 986	75	67	75	67	17.08	5.86	17.08	5.86
ptx	130 951	68 036	49 467	45 630	—	—	387	354	—	—	10.27	7.95
seq	11 719	5 583	6 044	3 928	97	75	97	75	14.29	6.54	14.29	6.54

如表 7-5 所示,Trace♯下的 4 列显示错误执行路径的统计结果,包括路径的实际总长度、排除正确函数后的路径长度、切片后的路径长度以及应用这两种优化策略后的路径长度。Line♯下的 4 列比较在不同的优化策略组合下,由 CaFL 标识的与给定错误相关的源码行数。C%下的 4 列比较由 CaFL 标识的与给定错误相关的语句实例占总的执行路径的百分比。在整个表中,"—"表示在一个小时的时间限制下实验超时。

实验发现,在给出足够时间让 CaFL 能正常停止的情况下,CaFL 能标识所有测试程序的根本错误原因(手动检查并标识的缺陷程序语句)。为了比较不同优化策略的有效性以及效率,实验中强制 CaFL 完成整个错误原因树的构建,即使真正的错误原因已经成功被标识。实验结果表明,对于 Line♯与 C%,优化策略 None 与 SO+SL 总是产生相同的值。类似地,优化策略 C+L 与 All 也是产生相同的值。这样的结果与期望是一致的,因为优化组合 C+L 本来就是为了减小错误原因树的大小而存在的,而 SO+SL 主要被用于加速计算而不会影响错误原因树的构建。此外,实验发现对于这个测试程序集,CaFL 在发现真正的错误原因前,只有执行路径中不到 1%的指令实例需要分析,从而证明了 CaFL 定位错误的有效性。

表 7-6 通过比较 4 个优化组合的执行时间来分析它们对 CaFL 效率的影响。对于每个优化方法,实验给出下面的实验数据。

- WP:最弱前置条件计算所需时间(以秒计算)。

- SMT：SMT 求解器所需时间（以秒计算）。

- Total：整个迭代分析算法所需总时间（以秒计算）。

最后一行显示每个步骤所需的平均时间。

表 7-6　比较 CaFL 的不同优化应用于 Busybox 与 Coreutils 的执行时间

程序	None			C+L			SO+SL			All		
	WP/s	SMT/s	Total/s	WP/s	SMT/s	Total/s	WP/s	SMT/s	Total/s	WP/s	SMT/s	Total /s
arp	—	—	>3 600	4.1	26.0	30.9	3.6	28.0	32.0	1.7	9.7	11.9
tr	9.1	1 146.8	1 156.0	8.1	16.7	25.2	3.6	1.7	5.6	1.8	0.2	2.2
top	—	—	>3 600	3.2	62.1	65.6	4.9	50.1	55.2	3.2	33.2	36.8
printf	5.0	440.2	445.9	2.1	4.5	6.9	1.1	4.3	5.8	0.8	0.2	1.2
ls	—	—	>3 600	5.6	48.5	54.9	4.1	39.7	44.2	3.0	17.6	20.7
install	—	—	>3 600	6.9	29.5	37.2	3.1	1.0	4.5	2.3	0.1	2.7
paste	7.1	812.2	820.6	4.8	11.2	16.7	3.5	1.2	5.3	0.8	0.1	1.1
mkdir	5.3	485.2	494.4	2.3	18.2	21.4	2.1	5.9	8.9	0.7	0.1	1.0
mkfifo	6.7	512.8	520.6	2.1	20.3	24.3	1.8	6.2	8.5	0.8	0.1	1.0
mknod	6.2	555.1	562.5	2.1	20.4	24.5	1.9	6.3	8.7	0.5	0.1	1.0
ptx	—	—	>3 600	—	—	>3 600	107.4	158.3	266.5	34.1	79.3	144.2
seq	10.2	1 147.2	1 158.8	2.2	3.1	5.7	1.7	5.7	7.9	1.3	0.2	1.9
平均值	>1 504	>1 924	>1 929	>303	>321	>326	11.6	25.7	37.8	4.3	11.7	18.8

结果表明，对于所有的测试程序，在使用所有优化策略的情况下 CaFL 平均在 20 s 内完成迭代分析算法。然而，在不使用 SO+SL 时，CaFL 在分析程序 ptx 时会超时，且分析的平均运行时间将超过 326 s。在不使用任何优化策略时，12 个测试程序中有 5 个会导致 CaFL 超时。进一步分析实验结果发现，对于超时的测试程序，大多数时间都耗费在 SMT 求解器的约束求解中。

表 7-7 比较了在不同优化策略下传递到 SMT 约束求解器的逻辑约束个数。结果表明，优化 C+L 能有效地裁剪冗余约束。而且，由于大多数约束并不会彼此相交，因此优化策略 SO 可以有效地避免大量约束求解器的调用。这些优化策略在对程序 ptx 的分析中充分展示了它们的有效性，因为在 CaFL 不使用优化策略的情况下无法在 1 h 的限定时间内完成分析。

表 7-7　在不同优化策略下传递到 SMT 求解器的逻辑约束个数比较

程序名	None	C+L	SO+SL	All
arp	—	65 026	9 601	1 736
tr	5 813 789	71 480	842	252
top	—	182 913	4 481	2 188
printf	884 241	13 793	6 628	286
ls	—	126 395	17 171	1 194
install	—	86 290	3 721	794
paste	2 888 436	80 404	1 141	576
mkdir	1 997 815	78 701	6 229	944
mkfifo	1 988 116	79 936	6 448	950
mknod	2 072 425	90 228	6 692	1 018
ptx	—	—	52 063	28 705
seq	6 251 612	132 392	6 263	686

本 章 小 结

　　本章介绍了一种迭代的半自动化错误定位分析方法。在输入错误程序及可触发程序错误的测试用例后,该方法能系统化地产生导致错误发生的所有潜在原因,以帮助调试人员标识及理解真正的错误原因。每个错误原因都带有其形成的上下文信息,这些信息用于描述导致它们形成的相关程序源代码。所有错误原因都被组织到一个树结构中,原因节点间的连接阐述原因之间的因果关系。本章描述了实现相应方法的原型工具CaFL,并在大量公共测试程序中验证了该方法的有效性,这些公共测试程序包括西门子测试集、Busybox 与 GNU Coreutils 中的实际程序。实验结果表明,CaFL 能准确而有效地定位实际程序错误的根本原因。

第 8 章
演化软件错误定位方法

本章介绍一种基于最弱前置条件计算的演化软件错误定位方法，它是结合动态分析及语义分析的一种协同分析方法。其输入包含一个有缺陷的程序、该程序的早期正确实现版本以及一个触发错误的测试输入，输出是导致该测试用例失败的版本间最小代码改变集合及解释该集合导致错误发生的原因的相关信息。尽管演化软件错误定位已经被研究界关注多年，但是目前的方法仍然难以被调试人员在实际开发过程中采用，因为它们无法为实际程序产生足够准确的错误解释分析结果。与已有方法相比，本章介绍的方法能更为快速而准确地分析演化程序错误。因为该方法的协同分析框架会通过迭代的执行动态分析及基于语义分析的约束求解技术定位程序缺陷，这两类技术可以实现有效的相互补充及相互促进。本章在大量真实 Linux 应用程序上的实验结果表明了该方法在实际使用中的准确性及有效性。

8.1　演化软件错误定位方法概述

软件开发经验表明，程序开发在迭代更新阶段经常会引入新的程序缺陷。因此，良好的软件开发习惯是在更新程序的同时执行回归测试检测更新是否导致更新前可以正常工作的程序功能出现缺陷。尽管已有很多相关工具可以用于实际开发中自动检测这类回归错误（例如，周期性地反复运行回归测试），以尽早报告程序更新所引发的错误，然而错误的检测只是消除演化错误的第一步。更具挑战性的任务是标识错误相关的代码修改块（code change hunk），并理解它们是如何导致错误最终形成的。然而，目前的方法还无法实现该目标。

目前已有的大量关于自动化调试演化程序错误的方法难以在实际开发过程中被调试人员采纳,主要有以下几方面的原因。首先,这些方法难以精确地标识与真实错误相关的代码修改块,它们往往缺失某些错误相关的代码修改块,或者让其淹没于大量与错误无关的代码修改块中。其次,这些方法难以解释被标识的代码块与发生的缺陷间的因果关系。最后,在大多数情况下,仅仅撤销对某些代码的修改并不能真正地修复代码缺陷,因为撤销这些代码块后程序的正确编译可能会依赖被撤销的代码块。由于这些方面的原因,调试人员往往会舍弃对应的调试方法,转而直接手动分析出现的错误。

本章介绍一种有效的协同分析框架以显著改进自动分析错误解释的精确性,该方法利用基于动态分析的重新执行以及基于约束求解器的语义分析互补的方法。特别地,动态分析能有效地分析代码改变与发生的错误之间的关系。例如,在撤回某些代码改变后重新执行该程序,并查看此时是否仍然发生该回归测试错误。但是,这种分析方法不能有效地标识代码改变与错误之间的因果关系。相反,语义分析能有效地标识代码改变与具体错误间的因果关系,但是不能有效地从大量可能的程序修改块中识别与实际错误相关的程序修改。因此,同时利用这两类分析方法能更快且更准确地定位回归测试错误产生的根本原因。

图 8-1 列出了本章介绍的演化软件错误定位方法的分析流程。对于一个给定的正确程序 P、它的错误演化版本 P' 及一个导致程序 P' 失败的测试用例,该方法首先计算 P 与 P' 之间的代码修改块集合(表示为 Δ)。然后,它重现失败测试用例对应的错误执行路径 π,该执行用例违反断言条件(ρ)(本章假设需要捕获的软件错误可以由一个失败的断言语句来定义)。当 π、ρ 及 Δ 可得时,该方法将展开这样的迭代分析:交替执行语义分析及动态分析,而这两个阶段由第三个分析阶段(关键谓词标识)连接。初始时,传递给语义分析的关键谓词是失败的断言条件 ρ,语义分析首先计算断言语句的失败原因(阐述导致条件 ρ 不可满足的事件因果关系)。在随后的动态分析中,算法会在代码修改块集合 Δ 中标识与关键谓词 ρ 相关的子集 Δ_{root}。如果能找到这样的集合 Δ_{root},则该方法成功完成相关分析。否则,它会从当前计算的错误原因中标识与之相关的关键谓词,并重新尝试寻找能解释回归执行失败的相关代码修改块集合。最终,该方法输出 Δ_{root} 及相关错误原因,这些向调试人员展现的错误原因会被组织为树结构,以明确地标识代码改变与错误之间的因果关系。

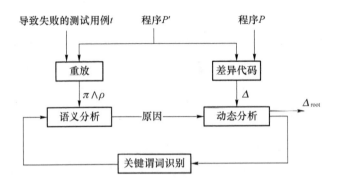

图 8-1　动态分析与静态分析协同的分析框架

与已有的方法相比,如 Delta Debugging(DD)[166] 及相应的变种算法(如增强的 Delta Debugging 算法 ADD[168]),本章介绍的方法存在明显的优势。因为它采用了基于语义分析与动态分析协同的分析方法。而 DD 方法只是依赖动态分析的分析结果。例如,考虑 Linux 应用程序 find 在版本 4.2.18 中出现的一个回归错误,该应用程序含有 2.4 万行代码,包含 71 个代码改变(自正确版本 4.2.15 以来)。图 8-2 列出了由算法 ADD 定位的代码改变块,这些给出的代码改变块完全忽略真正引起错误的代码修改部分。尽管撤回这些被标识的代码修改可以修改函数 check_nofollow 中变量 open_nofollow_available 的值,但是这样的修改只是简单地回避了函数 safely_chdir_nofollow 的执行。因此,如果简单地撤回这些标识的代码修改,只能规避错误的发生,而不能修复相应的错误。

```
--- find4.15/find.c
+++ find4.18/find.c
@@ -377,0 +421,6 @@
+
+ #ifdef O_NOFOLLOW
+   options.open_nofollow_available = check_nofollow();
+ #else
+   options.open_nofollow_available = false;
+ #endif
```

图 8-2　ADD 为 find -a 标识的不正确代码修改块

而本章介绍的方法会标识代码修改块 ch1 与 ch2,如图 8-3 所示。在仔细分析开发者所提供的错误修复补丁后,算法会发现代码修改块 ch1 恰好匹配了真正的软件错误修复。该程序中真正的错误是由函数 safely_chdir_nofollow 的第四个参数 symlink_handling 引起的,该参数在错误版本中没有被处理,而是被直接忽略。开发者最终通过在前一错误版本中添加一个 switch 语句来处理被忽略的参数。尽管代码错误的修复既不需要撤回修改块 ch2,也不需要修改它,但是它对于错误的解释仍然是非常重要的,因为它解释了错误函数在对应地方被调用执行的原因。因此,该方法所计算的回归错误的解释对于程序调试是非常准确且有利的。此外,它还会标识 14 个辅助代码修改块。修改后程序的正确编译需要在撤回 ch1 与 ch2 的同时撤回这些块。而在以往的方法中,调试人员不得不耗费大量的时间去手动分析并标识这些代码修改块。

```
--- find4.15/find.c
+++ find4.18/find.c
@@ -987,0 +1082,78 @@                    // ch1
...
+ static enum SafeChdirStatus
+ safely_chdir_nofollow(const char * dest,
...
+ static enum SafeChdirStatus
+ safely_chdir (const char * dest,
...
@@ -1368 +1641 @@                        // ch2
-    enum SafeChdirStatus status = safely_chdir
     (name, TraversingDown, &stat_buf);
+    enum SafeChdirStatus status = safely_chdir
     (name, TraversingDown, &stat_buf,
     SymlinkHandleDefault);
```

图 8-3   AFTER 为 find -a 标识的不正确代码修改块

比 ADD 方法完全忽略错误相关代码修改块的结果更好的是,DD 方法能准确定位错误相关的代码修改块 ch1 与 ch2,然而这两个块被淹没在其余 8 个与错误无关的代码修改块中,因此调试人员必须人为地分析这些代码块以理解真正的错误原因。此外,简单的撤回 DD 方法所标识的代码修改块得到的程序是无法成功编译的,这就极大地阻碍了调试人员快速检查这些代码修改块与产生错误之间的关系。不同的是,本章介绍的方法能自动化地标识需要的辅助代码修改块,且使在撤回这些代码块之后得到的程序能够成功编译。另外,不管是 DD 方法还是 ADD 方法都无法保证所标识的代码修改块与出现的错误之间存在必然的因果关系,然而本章介绍方法能阐述它们之间的因果关系。

当前大量基于语义分析的相关研究工作[28-31,145]都致力于标识发生错误的根本原因,然而这些方法存在的问题是,它们只关注产生的错误,而不会考虑正确程序版本与产生错误的程序版本之间的代码差异。因此,这些方法不会利用这样的事实:更新前的程序版本可以作为正确的程序行为模型。另外,一些方法依赖大量的成功测试用例及失败测试用例,然而在实际开发过程中很难满足这样的要求。在没有正确模型或者正确的形式化规范说明的情况下,一个具体的错误可能对应着大量可能的错误原因,因为沿着错误执行路径改变任何控制流或者数据流都可能会影响失败断言的判断。然而,通过将相关分析限制到两个程序版本之间的程序修改块中,本章的方法能有效地缓解可能的错误原因的爆炸增长。

本章介绍的方法不但能说明所标识的代码修改块与回归测试错误之间的相关性,而且还能描述它们之间的因果关系。它最终会给出引起错误发生的根本原因(事件因果传递链),该原因阐述代码修改块与发生的回归测试错误之间的因果关系。为了便于理解,它根据因果传递链的产生过程将错误原图用树结构来表示。因果传递链中的每个事件都对应着一条传播错误的具体程序语句。与大多数方法所提供的一个简单的可能错误语句的排序信息相比,这样的具体错误原因阐述能提供更为有用的信息。

本章介绍的方法是在第 4 章介绍的最弱前置条件计算框架上实现的,相关实验在 Linux 应用程序上展开,如 find、bc、make、gawk 与 diff。实验结果表明,本章介绍的方法能精确而有效地标识与回归错误相关的代码修改块,并且能解释它们与发生错误之间的因果关系。

8.2 协同分析方法

8.2.1 顶层算法描述

算法 8-1 描述了协同分析方法的整个工作流程。该算法有 3 个输入:正确程序版本 P、错误程序版本 P' 以及导致错误产生的测试输入 t。假设 Δ 表示 P 与 P' 间的代码修改块集合,π 表示错误的执行路径,ρ_0 表示失败的断言条件。算法的主要部分是包含以下 3 个步骤的迭代循环:语义分析、动态分析及关键谓词的提取。这 3 个步骤的概括描述如下。

- 语义分析阶段的主要目标是计算导致错误产生的原因事件链,它解释为什么路径 π 会导致关键谓词 ρ 获得错误路径中的取值。此阶段的分析结果是一个执行语句集合(表示为 Θ)。Θ 用于表示该阶段产生的所有 cause 集合。语义分析遵循本章描述的错误原因标识的思想,因此详细的语义分析算法如 7.3.1 节中的算法 computeCause(算法 7-1)所述。

- 动态分析阶段的主要目标是确定 θ 是不是导致错误的根本原因。在演化错误分析场景下,本章假设导致错误发生的根本原因肯定包含某个 P 与 P' 之间的代码修改块。设语义分析所标识的代码修改块为($\bigcup_{\theta \in \Theta} \cap \Delta$),算法 8-1 将在撤回该集合中不同代码块的条件下重复执行 P',并确定新程序执行是否会避免错误的发生。详细的算法将在 8.2.2 节中分析讨论。

- 如果当前语义分析与动态分析的迭代分析不能正确地定位错误的真正原因,那么算法会在原因 θ 的上游执行路径中继续迭代分析。为此,算法会标识关键谓词集合 P_θ,该集合包含错误执行路径 π 上决定原因 θ 是否会发生的谓词条件。而这些关键谓词会作为下一轮语义分析与动态分析迭代过程的起点。详细的算法将在 7.3.2 节中分析讨论。

算法 8-1: Explain (Program P, Program P', Test Input t)

1   设 Δ 表示 P 与 P'间代码修改块集合;
2   设 π 表示 P' 在 t 测试输入时错误的执行路径;
3   设 ρ_0 表示第一个关键谓词(失败的断言);
4   初始化: 谓词集合 $\mathcal{P} = \{\rho_0\}$; 原因集合 $\Theta = \emptyset$;
5 **while** $\mathcal{P} \neq \emptyset$ **do**
6   从 $\mathcal{P}$ 中删除一个关键谓词 ρ;
7     $\theta \leftarrow SemanticAnalysis\ (\pi, \rho)$;   //见算法7-1: $computeCause$
8     $\Theta = \Theta \cup \theta$;
9     $\Delta_{root} \leftarrow DynamicAnalysis\ (P', \bigcup_{\theta \in \Theta} \cap \Delta)$;
10   **if** $\Delta_{root} \neq \emptyset$ **then**
11   **return** 错误相关的代码修改块集合Δ_{root} 及集合 Θ 中与错误相关的原因子集;
12   **end**
13     $\mathcal{P}_\theta \leftarrow ComputeCC\ (\theta)$;   //见算法7-2
14     $\mathcal{P} = \mathcal{P} \cup P_\theta$;
15 **end**

算法 8-1   Explain(Program P,Program P', TestInput t)

当根本原因被标识后,算法将返回错误相关的代码修改块集合 Δ_{root} 及集合 Θ 中与错误相关的原因子集。该方法提供更好的演化错误解释结果,因为在大多数情况下,仅仅指出与错误相关的代码修改块对于调试人员理解错误是如何发生及如何修订错误往往是不够的。而该方法在给出 Δ_{root} 的同时,还给出相关错误原因阐述代码修改块与发生的演化错误间的因果关系。

8.2.2 动态分析

在语义分析产生新原因 θ 并更新原因集合 Θ 后,动态分析的主要目标是确定哪些错误原因及相关代码修改块为真正导致失败的原因。动态分析主要采取了 DD 方法的试错分析法思想,在撤回不同代码修改组合的情况下,重新执行错误程序 P' 并查看新的执行是否仍然含有以前发生的错误。

给定当前产生的原因集合 Θ,算法 8-2 描述了寻找这样的最小代码修改块集合的算法:在程序 P' 撤回该集合中的代码修改块之后,原来失败的测试用例能成功执行。该算法以代码修改块集合 $\Delta_\theta = \bigcup_{\theta \in \Theta} \bigcap \Delta$ 为迭代的初始集合(该初始集合包含所有与已标识错误原因相关的代码修改块),变量 n 的初始值设置为 2。因此,算法 8-1 中的调用 DynamicAnalysis(P', Δ) 对应 DynamicAnalysis$(P', \Delta, 2)$。

算法 8-2: DynamicAnalysisRecur (Program P', Set Δ, Size n)

1 **if** $|\Delta| < n$ **then**
2   撤回 Δ 中的代码修改块后执行程序 P';
3   **return** 如果执行成功 Δ 否则 $\emptyset$;
4 **end**
5 拆分 Δ 为 n 个子集: $\Delta_1, \ldots, \Delta_n$;
6 **for** 每个子集 Δ_i **do**
7   **if** 撤回 Δ_i 中的代码修改块后执行 P' 成功 **then**
8   **return** $DynamicAnalysisRecur (P', \Delta_i, 2)$;
9   **else if** 撤回 $(\Delta \setminus \Delta_i)$ 中的代码修改块后执行 P' 成功 **then**
10   **return** $DynamicAnalysisRecur (P', (\Delta \setminus \Delta_i), 2)$;
11 **end**
12 **return** $DynamicAnalysisRecur (P', \Delta, 2n)$;

算法 8-2   DynamicAnalysisRecur(Program P', Set Δ, Size n)

特别地,在第 6 行处代码修改块集合 Δ 首先被拆分为 n 个子集,然后对于每个子集 Δ_i,算法在撤回 Δ_i 中代码修改块后执行 P'。如果此次执行成功运行,那么它将继续分析判断是否在只撤回 Δ_i 的某个子集时执行仍然会成功,因此该算法在第 9 行处递归调用该算法。当撤回 Δ_i 后的执行仍然失败时,算法会在第 10 行和第 11 行处尝试分析该集合的补集($\Delta \setminus \Delta_i$)。如果没有任何子集或者补集可以使执行成功运行,算法将会增加变量值 n,从而使更多的子集被分析测试。n 最终会变得比集合 Δ 所含元素的个数更多,这种情况成为此递归算法返回的基本情况。在第 1 行到第 4 行间考虑代码修改块的数量小于 n 的情况,如果撤回 Δ 之后的执行成功了,那么动态分析将返回整个代码修改集合,否则在执

行失败时返回 $\varnothing$。

与 DD 方法不同的是,算法 8-2 是不对称的,它只考虑成功执行而不考虑其他执行结果。对称的分析方法会同时考虑成功与失败的执行:如果在撤回代码修改块 c 之后的执行成功了,那么 c 是与错误相关的;但是如果在撤回代码修改块 c 之后的执行仍然失败了,那么 c 是与发生的错误无关的。尽管这种方法在已有工作(如 DD 方法)中被使用,但是这种方法可能会导致某些错误相关的代码修改块被忽略,尤其是当发生的错误是由多个代码修改块所引起时。以图 8-6 中所示程序为例。只有在代码修改块 c_2 与 c_3 被同时撤回时错误程序 P' 才能被成功执行。然而,由于在只撤回代码修改块 c_2 时程序执行失败,因此对称的分析方法将错误地判断 c_2 是与错误无关的。不同的是,本章采用的非对称方法不会排除这些错误的代码修改块。

需要指出的是,算法 8-2 描述的方法可能不会获得最优解。这样的设计是为了改进在实际使用中的运行性能,因为重新执行的代价较高,特别是当真正的错误代码修改块与发生的具体错误之间的控制距离非常长的时候。因此,在实际使用中需要进行计算结果的优越性与运行时开销的权衡。

8.2.3　计算辅助代码改变块

除了执行成功或者失败,程序 P' 在撤回某个代码修改块集合之后的执行还可能有第三种执行结果:新程序无法成功编译。图 8-4 中的例子只撤回修改块 c_2 的程序版本无法成功编译,因为这个程序版本中的变量 m 未被定义。实例分析中普遍存在这样的情况,而调试人员手动标识与编译相关的代码修改块却是一件非常烦琐而耗时的事情。本节将给出此问题的一个解决方法。

```
1   int x;

2   int y;          //c1;int m;

    ...

3   x = ...;

4   y = ...;        //c2;m = ...;

    ...

5   z = x + y + 2;  //c3;z = x + m + 3;

6   assert(z = 10)
```

图 8-4　在撤销 c_2 之后代码块无法成功编译

该方法希望解决下述问题。假设在撤回 Δ^- 中的代码修改块之后,程序 P' 无法成功编译,那么算法 8-3 的目标是寻找一个更大的代码修改集合(记为 Δ^+),使其在同时撤回 Δ^+ 中的修改后得到的程序能成功编译。

算法 8-3: FindAuxChange (Set Δ^-, Set Δ^+, Size n)

1 $assert$(撤回 $(\Delta^- \cup \Delta^+)$ 中的修改块后程序 P' 成功编译);
2 **if** $|\Delta^+| < n$ **then**
3   **return** Δ^+;
4 **end**
5 拆分 Δ^+ 为 n 个子集: $\Delta_1, ..., \Delta_n$;
6 **for** 每个 Δ_i **do**
7   **if** 撤回 $(\Delta^- \cup \Delta_i)$ 中的修改块后程序 P' 成功编译 **then**
8   **return** $FindAuxChange(\Delta^-, \Delta_i, n)$;
9   **else if** 撤回 $\Delta^- \cup (\Delta^+ \setminus \Delta_i)$ 中的修改块后程序 P' 成功编译 **then**
10   **return** $FindAuxChange(\Delta^-, (\Delta^+ \setminus \Delta_i), n)$;
11 **end**
12 **return** $FindAuxChange(\Delta^-, \Delta^+, 2n)$;

算法 8-3　FindAuxChange(Set Δ^-, Set Δ^+, Size n)

在计算集合 Δ^+ 的过程中,算法首先保证集合 Δ^- 仍然是导致编译错误的代码修改块集合。不同点是,算法会在递归地执行函数 FindAuxChange 的过程中单调地减小集合 Δ^+。集合 Δ^+ 的初始值为 $(\Delta \setminus \Delta^-)$,表示程序 P' 所含的除了 Δ^- 以外的所有代码修改块。因为 $(\Delta^- \cup \Delta^+)$ 与 Δ 是相等的,因此从程序 P' 中撤回这些代码修改块后得到的程序为 P,该程序显然是能成功编译的。而每次函数递归调用的目标是尝试寻找集合 Δ^+ 的子集,且保证在撤回该子集与 Δ^- 中的代码修改块后得到的程序能正确编译。为了达到此目的,算法将划分集合 Δ^+,并依次分析它的每个子集。在分析过程中,它维护能解决编译问题的不变量 $\{(\Delta^- \cup \Delta^+)\}$。值得注意的是,此处分析需要将程序 P' 的所有代码修改块都纳入考虑范围,而并不是只考虑在错误执行路径 π 中的修改块。

为了改进性能,算法 8-3 根据程序结构划分修改块集合。例如,某个修改块通常会在语法上依赖相同文件或者函数中的其他修改块,因此可以将代码修改块执行相应的划分。另外,算法 8-3 会存储函数 FindAuxChange 的运行结果以避免冗余计算。假如在完成 $\Delta_1^+ = FindAuxChange(\Delta_1^-, \Delta \setminus \Delta_1^-, 2)$ 计算后为 $\Delta_2^-(\Delta_2^- \subset \Delta_1^-)$ 计算辅助集合。此时,算法会执行调用 $FindAuxChange(\Delta_2^-, \Delta_1^+, 2)$,因为程序在撤回集合 $(\Delta_2^- \cup \Delta_1^+)$ 中的修改块后肯定能成功编译。

程序版本间的所有代码修改块都是由 Linux 实用程序 diff(该程序也恰好是实验评

估中使用的一个基准测试程序)计算的,这里使用选项 u。图 8-5 显示了 diff 产生结果的模板。每个修改块的开头两行说明两个用于比较的文件名(忽略时间部分),接着开始描述具体的修改块。每个修改块的开头都有形如"@@ －BeginA,SpanA ＋BeginB,SpanB @@"的行,用以说明修改块在两个文件中的起始行号。在修改块的范围描述后是修改块表示文件差异的具体内容,即文件 FileA 中的行 BeginA～BeginA＋SpanA－1 被替换为文件 FileB 中的行 BeginB～BeginB＋SpanB－1。算法实现选择了最小的块粒度,因为修改块的大小可能会直接影响算法分析的精确性。

```
--- FileA
+++ FileB
@@ － BeginA,SpanA + BeginB,SpanB @@
- Line_A_1
- ...
- Line_A_SpanA
+ Line_B_1
+ ...
+ Line_B_SpanB
```

图 8-5　标准的代码修改块模板

8.3　示　例　阐　述

本节用一个具体的例子来进一步阐述该方法的 3 个主要步骤,同时将该方法与已有方法相比较,以证明该方法的有效性(在回归错误分析中返回更好的错误解释)。

图 8-6 显示了两个程序,图 8-6(a)所示的正确程序用于计算 $\max(x,y)+|z|$,图 8-6(b)为该程序的一个错误版本。与正确版本相比,错误版本有 4 个代码修改块,分别表示为 c_1、c_2、c_3 与 c_4。变量 sorted 表示 3 个输入变量是否已经以递减的顺序排列,而变量 sum 用于存储计算结果。由于在第 1 行、第 5 行、第 10 行与第 11 行处的代码改变,修改后的程序在测试输入＜3,2,1＞(分别为 x,y,z 的值)下生成错误结果 sum＝＝1,而期望输出为 sum＝＝4。导致该错误发生的代码修改块是 c_2 与 c_3。然而,大多数方法(如 DD)要么报告一些与错误无关的代码修改块,要么漏报一些与错误相关的代码修改块。而本章介绍的方法在准确标识与错误相关的代码修改块的同时,还给出相应的信息解释所标识代

码修改块导致错误发生的原因。

```
1 bool sorted = True;
2 void f( int x, int y, int z) {
3     int sum = 0;
4     if( ! sorted) {
5         if(x > y)
6             sum += x;
        else
7             sum +- y;
    }else
8         sum += x;
9     if(z > 0)
10        sum += z;
    else
11        sum += (0 - z);
12    printf("sum = % d\n", sum);
13    assert(sum == 4);
    }
```

(a)

```
1 bool sorted = False;        //c1
2 void f( int x, int y, int z) {
3     int sum = 0;
4     if( ! sorted) {
5         if(x < y)            //c2
6             sum += x;
        else
7             sum +- y;
    }else
8         sum += x;
9     if(z > 0)
10        sum += (0 - z);   //c3
    else
11        sum += z;         //c4
12    printf("sum = % d\n", sum);
13    assert(sum == 4);
    }
```

(b)

图 8-6   正确与错误程序间有 4 个代码修改块 c_1、c_2、c_3、c_4

8.3.1   演化软件错误定位方法的应用

首先,该方法基于失败测试用例 <3,2,1> 运行图 8-6(b)所示的错误程序,产生错误执行路径 $\pi = <s_1, s_2, s_3, s_4, s_5, s_7, s_9, s_{10}, s_{12}, s_{13}>$。第一次语义分析会标识导致断言 $sum \neq 4$ 失败的直接原因(cause)。此次语义分析得到的错误原因是一个最小的解释断言失败原因的语句集合,该集合可能包含某些代码修改块。

特别地,算法在第 13 行处取反初始谓词 $sum \neq 4$,并沿着反向错误执行路径计算 $sum = 4$ 的最弱前置条件。因为这次执行导致 $sum \neq 4$,因此 $sum \neq 4$ 的最弱前置条件计算肯定在错误路径的某个执行点变为 false。表 8-1 呈现了相应的计算步骤,其中 WP 在步骤 8 的第 2 行处变为不可满足公式,该公式对应的不可满足核心如下:

$$(x=3) \wedge (y=2) \wedge (sum_0 = 0) \wedge (sum_1 = sum_0 + y)$$
$$\wedge (sum_2 = sum_1 + 0 - z) \Rightarrow (sum_2 \neq 4) \tag{8-1}$$

为了便于理解,上面的公式中使用了静态单源赋值(SSA)形式,以区别变量 sum 的多次不同出现。接着,算法将不可满足核心中的约束映射到源程序中产生这些约束的转换实例上。

表 8-1　关于给定路径与关键谓词的 sum≠4 语义分析

步骤	行号	最弱前置条件	满足性
1	**13**	sum＝4	SAT
2	**10**	sum－z＝4	SAT
3	9	z＞0∧sum－z＝4	SAT
4	**7**	z＞0∧sum＋y－z＝4	SAT
5	5	x＞＝y∧z＞0∧sum＋y－z＝4	SAT
6	4	¬sorted∧x＞＝y∧z＞0∧sum＋y－z＝4	SAT
7	**3**	¬sorted∧x＞＝y∧z＞0∧y－z＝4	SAT
8	2	¬sorted∧3＞＝2∧1＞0∧2－1＝4	UNSAT

算法获得的第一个错误原因为：$\theta_0 = \{s_2, s_3, s_7, s_{10}, s_{13}\}$，它解释断言 sum＝4 失败的一种原因。注意，非不可满足核心中约束与该断言失败无关。然而，第一次语义分析返回的原因可能并不是错误发生的真正原因。在随后的动态分析中，算法检查该原因是不是根本原因。其检查方法是通过分析正确程序 P 与错误程序 P' 之间提交的代码修改块来完成的。因为 ι_3 是与 θ_0 相关的唯一代码修改块，因此为了确定 θ_0 是否为根本错误原因，算法从程序 P' 中撤回代码修改 c_3 后重新编译并执行该程序。如果原来失败的断言在 c_3 被撤回之后仍然失败，那么可以得到这样的结论：θ_0 不是错误发生的根本原因。因为如果是这样的话，在撤回 c_3 之后就能修复程序 P' 中的缺陷。与已有基于试错分析的错误定位方法（如 Delta Debugging）不同的是，本章采用的动态分析是在此前语义分析生成错误原因的指导下完成的。

虽然 θ_0 并不是错误产生的根本原因，但是它仍然包含与真正原因相关的重要信息。算法分析原因 θ_0 中的语句实例以标识相关的关键谓词。关键谓词是这样的分支条件，该条件会决定 θ_0 中的语句实例是否会被执行。在这个例子中，这两个关键谓词分别来自 s_5 与 s_9，它们决定了第 7 行与第 9 行中的两个赋值语句是否会被执行。这些新标识的关键谓词是下一轮迭代中基于最弱前置条件计算的语义分析的新起点。

接下来的语义分析会产生两个新的错误原因：$\theta_1 = \{s_2, s_5\}$ 与 $\theta_2 = \{s_2, s_9\}$，第一个错误原因是由代码修改块 c_2 触发的。c_2 与 c_3 为与已标识错误原因相交的代码修改块。在随后的动态分析中，会确认这样的事实：在同时撤回代码修改 c_2 与 c_3 时，程序 P' 的断言错误会消失。因此，θ_1 就是错误发生的根本原因，而 $\theta_2 = \{s_2, s_9\}$ 与错误无关。

为了描述标识的代码修改块与软件错误之间的关系，本章所提方法在给出了 c_2 及 c_3 的同时也给出了相关因果关系，即图 8-7 所示的树结构图。图的顶点表示触发软件错误的代码修改块以及错误原因，边表示关联错误原因的关键谓词。特别地，图 8-7 给出的结果显示包含代码修改块 c_2 的 θ_1 导致第 5 行的谓词得到不正确取值,而包含代码修改块 c_3 的错误原因 θ_0 传播 c_2 的影响到第 13 行处,并最终导致该断言失败。

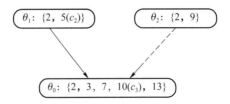

图 8-7　解释失败原因的树结构图

8.3.2　与相关方法的比较

相比于其他已有方法,本章介绍的方法用语义分析结果指导动态分析,反之亦然。因此,该方法不但能标识代码修改块与发生的错误之间的关联,而且能阐述它们之间的因果关系。为了说明该方法的优势,本章将分析一些已有演化错误分析方法应用于图 8-6 中例子的结果,并进行比较。

表 8-2 所示为将 Delta Debugging 方法[166]应用于示例程序的最终结果。在列 $c_1 \sim c_4$ 中,符号"√"表示对应代码修改块会应用到正确程序 P 上,而"－"表示该代码修改块被忽略。因此,"－－－－"表示起初的正确程序版本 P,而"√√√√"表示最后形成的错误程序版本 P'。列 P/F 显示对应的重新执行是否成功。列 Max_Pass 表示当程序 P' 保持成功执行时可以包含的最大修改块集合,而列 Min_Fail 表示当程序 P' 保持失败执行时需要包含的最小修改块集合。DD 方法从正确程序"－－－－"以及错误程序"√√√√"开始(即 Max_Pass 的初始值为空集,而 Min_Fail 的初始值为整个代码修改块集合)。DD 的目标是在迭代减小集合 Min_Fail 的同时增大集合 Max_Pass,从而最小化两个集合间的差异(列 Diff 表示)。当差异无法进一步减小时,Diff 表示与错误发生相关的代码修改块集合。

初始时,整个代码修改块集合被划分为两个子集 $\{c_1, c_2\}$ 与 $\{c_3, c_4\}$。由于在将子集 $\{c_3, c_4\}$ 应用到正确程序 P 后,得到的新程序会产生同样的断言失败,因此 DD 假设有错误的代码修改块包含在子集 $\{c_3, c_4\}$ 中。接下来,它将 Min_Fail 从 (c_1, c_2, c_3, c_4) 更新为 $\{c_3, c_4\}$,并将 $\{c_3, c_4\}$ 进一步划分为子集 $\{c_3\}$ 与 $\{c_4\}$。由于将代码修改块集合 $\{c_4\}$ 应用到程序 P 之后,得到的新程序不再产生同样的断言失败,因此 c_4 被加入 Max_Pass。DD 在这一步执行后就会停止,因为无法继续划分集合 $\{c_3\}$。所以,DD 最终将 Diff＝$\{c_3\}$ 作为与错误相关的代码修改块集合呈现给调试人员。然而,这并不是正确的结果,因为当程

序 P' 中仍然包含代码修改块 c_1、c_2 与 c_4，而只撤回修改块 c_3 时，重新执行程序仍然会产生断言失败。因此，DD 为该例子标识的与错误相关的代码修改块结果并不准确。

表 8-2 将 Delta Debugging 应用到图 8-6 中程序的计算步骤

	c_1	c_2	c_3	c_4	P/F	Max_Pass	Min_Fail	Diff
0	—	—	—	—	P	$\{\}$	$\{c_1,c_2,c_3,c_4\}$	$\{c_1,c_2,c_3,c_4\}$
	$\checkmark$	$\checkmark$	$\checkmark$	$\checkmark$	F			
1	—	—	$\checkmark$	$\checkmark$	F	$\{\}$	$\{c_3,c_4\}$	$\{c_3,c_4\}$
2				$\checkmark$	P	$\{c_4\}$	$\{c_3,c_4\}$	$\{c_3\}$

除了 DD，还有很多基于动态切片的错误定位方法[117]，以及基于符号执行技术的方法（如 DARWIN[32,141]）。与这些方法相比，本章介绍的方法仍然比它们更为准确。动态切片是基于动态依赖及控制依赖消除与错误无关的程序语句的技术。该技术因为它的低开销而被广泛使用，然而它难以给出准确的错误分析结果[201]。对于该示例程序，动态切片技术无法排除执行路径 π 中的任何语句，因为失败的断言谓词传递依赖该路径上的所有语句。

DARWIN 可能产生比动态切片更好的结果，但其结果仍不如本章所述方法的返回结果准确。DARWIN 通过比较分别沿着正确程序版本与错误程序版本的执行路径计算失败断言的最弱前置条件，以解释错误产生的原因。对于本节描述的示例程序，DARWIN 在正确执行路径中的最弱前置条件 WP1 为 sorted $\wedge$ $(z>0)$ $\wedge$ $(x+z=4)$，在错误执行路径中的最弱前置条件 WP2 为 $\neg$ sorted $\wedge$ $(x>=y)$ $\wedge$ $(z>0)$ $\wedge$ $(y-z=4)$。由于 WP1（WP2）的所有条件都无法由 WP2（WP1）来解释（$z>0$ 以外），因此 DARWIN 会把几乎所有成功执行与失败执行的执行语句都标识为与错误相关，并报告给调试人员。为了理解错误发生的根本原因，调试人员将不得不手动从中筛选并排除与错误无关的代码修改块及语句。与 DARWIN 相比，本章介绍的方法利用不可满足核心排除不相关谓词，并在错误标识导致错误发生的代码修改块之后及时停止整个后向路径遍历及相关分析。此外，该方法还产生由错误原因组成的树来解释错误的传播途径。

8.4 实验分析

本章介绍的演化软件错误定位分析方法是基于第 4 章的最弱前置条件计算框架实现的，其原型工具被称为 AFTER。本实验评估了 AFTER 的演化错误解释能力，并与两个已有错误分析技术做了详细的比较：一种是经典的 DD 方法[166]；另一种是基于 DD 方法的改进技术，称为 ADD[168]（增强的 DD 方法）。

本实验主要关注以下两个研究问题。

（1）本章所描述方法是否能准确定位引发演化错误的代码修改块集合，主要包含两个方面：①是否会忽略与错误相关的代码修改块？②如果不会，那么所标识的错误代码修改块是否会被淹没在大量与错误无关的代码修改块中？

（2）本章所描述方法是否可以处理大规模实际应用程序？与已有的基于动态分析的回归错误分析方法相比（DD 与 ADD），本章所描述方法会因为 SMT 求解器的使用而引入一些额外的开销，但同时也会减少一些冗余的动态分析与测试。总之，需要评估本章所描述方法是否能在总体上获得较好的运行性能。

本节将本章所描述方法应用于广泛使用的 Linux 应用程序中的 7 个演化错误的分析结果（包含 find 中的 3 个错误）上，这些应用程序包括 find、bc、make、gawk 与 diff。每个应用程序都包含成千上万行源码及上百个代码修改块（正确程序版本与错误程序版本之间的修改块）。表 8-3 列出了被测程序的特征，包括程序名称、所含源码行数、正确与错误的程序版本、代码修改块个数回归错误的简单描述以及报告对应错误的网址。通过分析具体的缺陷报告以及由开发者提供的修复缺陷补丁，实验中手动为每个错误标识引起其发生的最小错误代码修改块集合，并分析这些代码修改块引发错误的原因。接着，实验在 AFTER 上运行这些缺陷程序并比较这 3 种方法（DD、ADD、与 AFTER）的结果。所有实验都是在这样的计算机配置上完成的：带 4 GB 内存的 2.66 GHz Intel 双核 CPU。

表 8-3 实验中使用的测试程序的特征描述

程序名称	行数	P	P'	♯修改块	错误描述	报告网址
find-a	24k	V4.2.15	V4.2.18	71	使用-L/-H 选项产生错误输出	http://savannah.gnu.org/bugs/? 12181
find-b	40k	V4.3.5	V4.3.6	243	使用-mtime 选项产生错误信息	http://savannah.gnu.org/bugs/? 20005
find-c	40k	V4.3.5	V4.3.6	243	使用-size 选项产生错误信息	http://savannah.gnu.org/bugs/? 30180
bc	10k	V1.05a	V1.06	534	参数处理错误	https://bugs.gentoo.org/show bug.cgi? id=51525
make	23k	V3.80	V3.81	1 257	使用-r 选项产生错误输出	http://savannah.gnu.org/bugs/? 20006
gawk	37k	V3.1.0	V3.1.1	897	使用 strtonum 导致 abort 错误	https://bugs.debian.org/cgi-bin/bugreport.cgi? bug=159279
diff	20k	V2.8.1	V2.9	373	输出多余新行	https://bugs.debian.org/cgi-bin/bugreport.cgi? bug=577832

8.4.1 错误解释的精确性

在计算机辅助调试过程中,调试人员通常期望调试工具能提供哪些代码修改引发错误,然后他们会分析这些代码修改块并标识错误发生的根本原因。因此,错误解释方法的优劣可以通过以下 2 个准则来评估:①标识的代码修改块集合是否包含所有与错误相关的修改块? ②如果答案是肯定的,那么确认是否标识了大量无关的代码修改块,从而导致真正与错误相关的代码修改块被淹没在大量无关的代码修改块中。

为了比较不同方法的性能,对于每个被测程序及每种方法,本章将结果划分为以下 3 类。

- Matched:该方法所标识的代码修改块与调试人员提供的用于缺陷修复的补丁是相匹配的。在这种情况下,调试人员会提出撤回错误的代码修改块或者修改这些代码修改块,从而修复发生的错误。

- Missed:撤回该方法所标识的代码修改块不能避免错误的发生,或者只是规避了错误的发生,因为新程序选择了不同的条件分支,从而将不会达到真正含有缺陷的执行点。在这种情况下,该方法提供的信息对于真正错误的分析调试没有太大作用。

- Partial:撤回该方法所标识的代码修改块会使回归错误不再发生,但是经过调试人员判断认为这些修改块因为某些其他原因(例如,它们是用于修复其他错误的)是有必要存在而无法撤回的。相反,需要撤回某些其他代码来适应这些修改块。例如,在代码片段"a=2;b=3;assert(a+b==5);"中将"b=3"改为"b=2"会导致一个断言失败错误。尽管"b=2"是该错误发生的根本原因,但是调试人员可能会决定执行这样的错误修订:将"a=2"改为"a=3"。

表 8-4 显示了 3 种方法返回的代码修改块的结果。其中第 1 列与第 2 列分别表示被测程序的名称以及正确程序版本与错误程序版本之间的代码修改块数量,第 3 列表示 DD 方法所标识的代码修改块数量,第 4 列表示返回的结果是否包含错误发生的根本原因,第 5 列和第 6 列显示 ADD 方法的返回结果,而第 7 列和第 8 列以相同的格式显示 AFTER 的返回结果,第 9 列表示每个被测程序错误发生的实际错误代码修改块数量,该数量是通过检查程序代码以及调试人员提供评论与修改来确定的。

表 8-4 显示的结果表明,AFTER 能更准确地定位错误相关代码修改块。ADD 在程序 find-a 中错过了真正的错误,而 DD 与 ADD 都只能为 diff 提供 partial 的结果。另外,AFTER 产生的误报明显少于其他两种方法。平均来说,AFTER 只标识 2.4 个代码修

改块,而其中 1.7 个代码修改块都是真正错误的代码修改块。

表 8-4　比较 3 种方法(DD、ADD 与 AFTER)计算的错误相关代码修改块

程序名称	#修改块	DD		ADD		AFTER		实际块数
		Δ	match	Δ	match	Δ	match	Δ
find-a	71	10	yes	1	missed	2	yes	2
find-b	243	108	yes	6	yes	5	yes	2
find-c	243	2	yes	2	yes	1	yes	1
bc	534	1	yes	1	yes	1	yes	1
make	1 257	129	yes	63	yes	6	yes	4
gawk	897	1	yes	1	yes	1	yes	1
diff	373	1	partial	1	partial	1	yes	1
平均值	516.8	36.0	—	10.7	—	2.4	—	1.7

8.4.2　运行性能的比较

本章介绍的演化软件错误定位分析方法在使用试错法动态分析(类似于 DD 与 ADD 方法)的同时,也使用基于 SMT 求解器的语义分析。因此,实验通过比较 3 种方法的运行性能来进一步比较各方法的分析效率。表 8-5 给出了该问题的比较结果。第 2～7 列比较了 3 种方法在动态分析阶段所执行的测试执行次数以及总的执行时间,而第 8 列与第 9 列显示了 AFTER 与其他两种方法相比的加速比。加速比定义为 $\#S1 = \dfrac{\#Time_{DD}}{\#Time_{AFTER}}$ 与 $\#S2 = \dfrac{\#Time_{ADD}}{\#Time_{AFTER}}$。

表 8-5　3 种方法(DD、ADD 与 AFTER)的运行性能

程序名	DD		ADD		AFTER		加速比	
	#Test	Time/s	#Test	Time/s	#Test	Time/s	#S1	#S2
find-a	158	82	34	17	264	125	0.7	0.1
find-b	1 161	1 199	35	61	223	321	3.7	0.2
find-c	30	37	6	10	32	39	0.9	0.3
bc	486	287	29	25	1	12	23.9	2.1
make	2 368	7 640	526	1 833	257	946	8.1	1.9
gawk	638	4 112	7	73	1	5	822.4	14.6
diff	376	522	35	45	3	31	16.8	1.5
平均值	—	1 983	—	295	—	211	9.4	1.4

表 8-5 表明,尽管 AFTER 花费了额外的时间在语义分析上(另外两种方法并未产生相应的开销),但该阶段产生的负担往往低于其带来较低测试次数的效益。在平均情况下,与 DD 与 ADD 两种方法相比,AFTER 分别获得 9.4 倍与 1.4 倍的加速比。语义分析的使用能极大地减少动态分析阶段所需的重新执行次数,尤其是在引起错误发生的代码修改块距离错误发生点有较远控制距离的程序中,因为这时大量的重新执行会耗费更长的时间。

8.4.3　协同分析的有效性

AFTER 有两个 DD 和 ADD 都不具备的特点。第一个特点是 AFTER 可以计算 Δ_{Aux},它用于与 Δ_{root} 一起撤回以保证产生的新程序能成功编译。第二个特点是可以计算一个描述事件因果关系的原因树来解释为什么所标识的错误代码修改会导致最后的错误发生。

表 8-6 为在测试程序中运行 AFTER 的统计结果。集合 Δ_{Total}(AFTER 标识的所有代码修改块)被划分为两个部分:$\Delta_{Total} = \Delta_{Aux} + \Delta_{Root}$,其中 Δ_{Root} 表示与发生错误相关的代码修改块集合,Δ_{Aux} 表示为了保证在撤回 Δ_{Root} 后的程序能正确编译而需要额外撤回的代码修改块集合。与已有方法相比,AFTER 的一个主要优势在于可以计算辅助代码修改块集合 Δ_{Aux}。在给出整个执行时间的同时,表 8-6 还给出了基于 SMT 求解器的语义分析所耗费的时间。

表 8-6　将 AFTER 应用到测试程序上的统计结果

程序名	♯修改块	AFTER				
		Δ_{Total}	Δ_{Aux}	Δ_{Root}	SMT 时间/s	♯原因
find-a	71	16	14	2	5	2
find-b	243	5	0	5	72	6
find-c	243	2	1	1	3	1
bc	534	1	0	1	2	1
make	1 257	31	25	6	135	7
gawk	897	1	0	1	1	1
diff	373	1	0	1	27	5
平均值	**516.8**	**8.1**	**5.7**	**2.4**	**35.0**	**3**

最后一列显示产生的错误原因(有因果关系的事件链)数量,这些原因将错误代码修改块与产生的回归错误关联起来。由基于 SMT 求解器的分析方法产生的错误原因能帮助调试人员理解代码修改块与产生的回归错误之间的因果关系。这也是本章将 AFTER 作为错误解释而不是错误定位方法的主要原因。

除了建立因果关系,产生的错误原因树还能为调试人员提供如何修订错误程序的线索。例如,对于测试程序 diff,3 种方法都会标识图 8-8 所示的代码修改块。然而,AFTER 所得的结果为 match,而其他两种方法的结果为 partial,主要有两个原因。首先,撤回图 8-8 中的代码修改确实能使回归错误消失。但是,通过分析开发者提供的注释发现,这些代码修改本身是没有错误的,因为它们是用于修复早期版本的一个缺陷的(http://git. savannah. gnu. org/cgit/diffutils. git/commit/? id=58d0483b621792959a485876aee05d799b6470de)。对于该错误,调试人员只能添加一个额外的条件来获取并修订受影响的变量。AFTER 能正确地解释该错误发生的原因,因为除了给出引起错误的代码修改块,它还会给出 5 个相关的错误原因,它们形成了一个具体的因果关系的传播链。而调试人员提供的回归测试修复补丁(https://bugs. debian. org/cgi-bin/bugreport. cgi? bug=577832)也在 AFTER 所提供的原因链上。

```
--- diffutils - 2.8/src/io.c
+++ diffutils - 2.9.1/src/io.c
@@ - 664,2 + 660,2 @@
-       for(; p0 != beg0; p0 -- , p1 -- )
-   if( * p0 != * p1)
+       while(p0 != beg0)
+   if( * -- p0 != * -- p1)
```

图 8-8　3 种方法为程序标识的代码修改块

对于测试程序 make,DD 与 ADD 所标识的代码修改块明显多于 AFTER。调试人员为该程序中的回归错误提供的补丁是取消图 8-9 中对"f->is_target"值的检查。尽管 DD 与 ADD 也都可以标识这个代码修改块(它们给出的结果都被冠以 match),但是它们在 DD 与 ADD 中分别被淹没于 129 个和 63 个无关的其他代码修改块中。在实际的错误分析中,从如此多潜在错误代码修改块集合中定位真正的错误代码修改块对于调试人员来说是非常耗时的。相反,AFTER 只会标识 6 个代码修改块与在 6 个代码修改块撤回后正确编译所需的 25 个辅助代码修改块。

```
--- make-3.80/implicit.c

+++ make-3.81/implicit.c

@@ - 402 + 698,2 @@

-        if(lookup_file(p) != 0)

+    /* @@ dep - >changed check in disabled. */

+    if(((f = lookup_file(name)) != 0

         && f - > is_target))
```

图 8-9　AFTER 为测试程序标识的实际错误修复代码块

本 章 小 结

　　本章介绍了一种有效的全自动演化软件错误定位方法,该方法是一种结合动态分析及语义分析的协同分析方法。它在标识引起错误发生的代码修改块集合的同时,产生有效信息解释所标识的代码修改块与发生错误的因果关系。该方法采用了一种迭代的分析模式,它利用动态分析标识代码修改块与错误之间的相关性,并利用语义分析标识它们之间的因果关系。该方法的原型工具 AFTER 是基于最弱前置条件计算框架完成的,相应的实验在常用的 Linux 应用程序中展开。实验结果表明,原型工具 AFTER 能在实际应用程序中有效地定位与错误相关的代码修改块。而且,它能输出由错误原因组成的原因树,以解释被标识的代码修改所引起的错误事件到错误发生的传播过程。

第9章
符号执行指导的并行程序分析

本章描述一种基于符号执行技术的并行程序分析方法，该方法同时考虑并行程序的调度空间和输入空间，有效地验证并发程序的状态空间。该方法是基于"最大路径因果关系"模型提出的，它捕获所有线程调度和程序输入的组合到可以到达相同执行路径的等价类中，并系统地为每个等价类生成唯一的"调度＋输入"组合，以探索限定空间内的所有可达路径。该方法可以并行探索不同的执行路径，从而有效提升方法的分析效率。

9.1 方法介绍

为了验证并发程序的正确性，研究者提出了许多方法[202-205]来系统地探索固定程序输入下的线程交错空间。这些方法面临的主要挑战是线程交错空间爆炸问题，即可能的线程交错数量随着线程的数量和并发操作的数量呈指数级增长。解决这一问题的一种可行方法是识别冗余的线程交错并忽略它们，因为它们总是产生等价的程序状态。例如，偏序规约（Partial Order Reduction，POR）[202-204]就是基于这类思想的一种经典方法。具体来说，POR在发现一个线程交错可以通过交换另一个交错中不同线程的非冲突事件得到时，它将该线程交错标识为冗余的线程交错。最大因果关系规约（Maximal Causality Reduction，MCR）[205]是一种较新的方法，它利用在执行中观测到的事件之间的最大因果关系来最小化线程交错分析。MCR的一个关键思想是捕获在观察执行中读和写的值，基于这些观测值驱动新的执行，并使新的执行覆盖一个不同的程序状态。在线性一致性[205]和宽松内存模型（如TSO和PSO[206]）中，MCR都被证明是有效的。

然而，这些技术通常都会面临一个严重的限制：它们只在固定的程序输入下探索不同的程序状态空间,而无法验证其他输入可达的程序状态空间。换句话说,这些方法可能无法验证只有通过特定的线程调度和输入组合才能触发的状态。

考虑图 9-1 中的简单示例,它有 3 个线程和两个输入 i 和 j。在第 8 行有一个错误语句。当输入 (i,j) 固定为 $(0,1)$ 时,共有 15 个不同的线程交错。POR 会探索所有 15 个交错,MCR 只探索其中 4 个,因为程序在第 7 行读取 x 时只有 4 个不同的值(在第 2、3 行和第 5、6 行写入 x 的 4 个值)。然而,POR 和 MCR 都无法标识第 8 行的错误。事实上,该错误永远不会通过输入 $(0,1)$ 而暴露出来。

```
T1                  T2                  T3
1   i=input();      4   j=input();      7   if(x>=100);
2   x=i;            5   x=j;            8       error;
3   x=2;            6   x=4;            9   else y=2;
```

图 9-1 包含输入 i 与 j 的示例程序

标识该错误的一种方法是,检查所有可能的程序输入,并对每个输入使用 MCR 来探索可能的线程交错方式。然而,该程序的输入空间非常大,即使变量 i 和 j 都被限制到范围 $[0,100]$,也必须执行 15 万次该程序才能验证它。同时验证输入空间 (M) 和调度空间 (N) 是一个巨大的挑战。理论上,整个搜索空间为 $M \times N$,其中 M 通常是无限大的,而 N 通常为程序大小的指数。

本节描述一种最大路径因果关系(Maximal Path Causality,MPC)方法。该方法在考虑了线程调度和程序输入空间的同时,系统地遍历并行程序的状态空间。MPC 在验证并发程序的同时,减少跨调度空间和输入空间的冗余消除。

MPC 的核心思想是用符号执行来扩展 MCR,它可以记录在执行过程中新发现分支的符号路径条件。这使得 MPC 比 MCR 使用的纯粹基于具体值的最大因果关系模型[207]更加强大。MPC 将驱动程序执行相同执行路径的所有线程调度＋输入(SI)组合划分到相同的等价类中,并将其编码为一组 MPC 约束公式。对于每个等价类,它求解对应的 MPC 约束,生成一个唯一的 SI 组合,每条路径最多探索一次。

在图 9-1 所示的示例程序中,对于输入 $(i=0, j=0)$,共有 15 个线程调度覆盖相同的路径,即在第 7 行执行 false 分支。MPC 只探索路径 $p_1 = \{1\text{-}6, 7, 9\}$ 一次,忽略其他 14 个线程调度。路径 p_1 被探索后,MPC 生成一个新的 SI 组合探索路径条件为 $R_x^7 \geqslant 100$ 的未分析路径,其中 R_x^7 表示第 7 行 x 的值。因此,生成输入为 $(i=0, j=100)$、调度为 $\{T1\text{-}T1\text{-}T1\text{-}T2\text{-}T2\text{-}T3\text{-}T3\text{-}T2\}$ 的新 SI 组合。该 SI 驱动新的执行路径 $p_2 = \{1\text{-}5, 7, 8, 6\}$,从而

触发错误。这时，MPC发现没有未遍历的新路径，因此它正常结束退出。

此外，MPC还可以实现两类并行化。首先，它可以并行化不同SI组合的动态执行，因为每个SI驱动的执行与之前探索的路径是独立的。其次，它还可以并行化基于不同路径生成新的SI组合的离线分析，因为离线分析只依赖当前观察到的执行信息。

9.2 方 法 概 述

9.2.1 示例阐述

图9-2所示的程序包含3个线程（T1～T3）和两个共享变量（变量 x 与 y），并使用一个锁 l 同步某些对变量 y 的访问。该程序在第13行有一个错误，它在第11行和第12行处的分支条件都可以满足时发生崩溃。然而，这个错误很难被发现，因为它需要特定的线程调度和程序输入来触发（例如，当 $i=3$ 和 $j=2$ 时）。

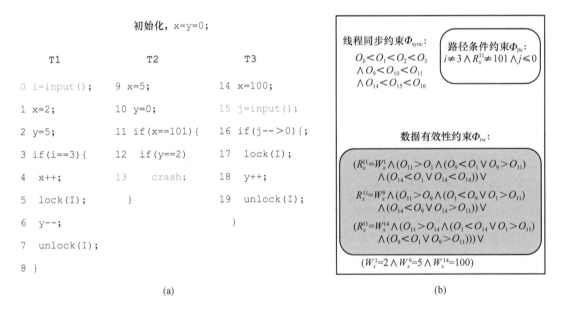

图9-2 需要待定线程调度和程序输入来触发的并发错误分析示例

特别地，为了满足第11行的分支条件，第14行应该作为第4行之前对 x 的最新写入；同时，第11行应该在第4行之后执行。注意，要执行第4行，第3行的条件必须为真，因此要求输入变量 i 的值为3。为了满足第12行的分支条件，第10行必须在第18行之后执行,同时在第 12 行之前不应该发生任何对 y 的写操作。此外,输入 j 必须大于或等于 2,以确保第 16 行的 while 循环至少执行两次。一个可以触发错误的线程调度为 T1-T1-T1-T1-T2-T3-T3-T1-T1-T1-T1-T2-T3-T3-T3-T3-T3-T3-T3-T3-T2-T2-T2,它对应由行号序列 {0-3、9、14、15、4-7、10、16-19、16-19、16、11-13} 表示的执行路径。

为了检测这个错误,分析技术必须同时找到正确的线程调度和正确的输入。例如,如果程序输入固定为 $(i=0, j=0)$ 或 $(i=3, j=1)$,那么无论程序执行什么线程调度,都不会揭示第 13 行处的错误。这也说明了验证并行程序的输入空间的重要性。

9.2.2 最大因果关系规约

MCR[205]是一种有效的无状态模型检查方法,它适用于输入固定下的并行程序分析。与其他流行的方法(如动态偏序规约[203]和限定上下文方法)相比,MCR 的一个主要优点是它使用最大因果关系模型(Maximal Causality Model,MCM[207])描述冗余线程调度,因而它只会探索那些到达不同程序状态的线程调度。换句话说,MCR 不会在给定输入的情况下多次探索相同的程序状态。因此,在给定输入的情况下,它保证探索所有程序状态的可证明的最小程序执行次数。

更具体地说,MCR 将每个探索的执行路径编码为最大因果关系的一阶逻辑公式 Φ_{mcm}。MCR 基于该公式生成驱动新状态产生的新条件,并基于该条件生成新的线程调度。例如,要求每个新调度必须包含至少一个新的语句执行事件,即某个读操作返回一个新值。

在 Φ_{mcm} 中,执行路径 τ 中的每个事件 e 都由一个顺序变量 O_e 表示,不同事件的 O_e 变量之间的顺序关系描述被测程序沿着执行路径 τ 在其他执行中所有可能出现的线程调度。Φ_{mcm} 为两个子公式的合取公式:$\Phi_{mcm} \equiv \Phi_{sync} \wedge \Phi_{rw}$,其中 Φ_{sync} 表示由线程同步决定的事件顺序约束,而 Φ_{rw} 表示由内存一致性模型(如顺序一致性内存模型)决定的关于读写事件的数据有效性约束。Φ_{sync} 可以进一步分解为 Must-Happen-Before 约束 Φ_{mhb} 和锁互斥约束 Φ_{lock} 的合取公式。

1. Must-Happen-Before 约束 Φ_{mhb}

Must-Happen-Before(MHB)约束描述了经典 Happens-Before 关系的一个子集,它保证在任何可行线程调度中所有事件必须遵守的最小执行顺序关系。具体来说,MHB 要求:①每个线程中事件的执行顺序总是相同的;②一个表示线程开始的 begin 事件只能发生在该线程被另一个线程创建之后(例如,通过调用 fork()创建新进程);③ 一个线程 join 事件只能发生在被 join 线程结束的事件之后。

显然,MHB 在执行序列 τ 包含的事件集合上产生了一个偏序,而在 τ 包含的事件集上的任何可行线程调度都必须遵守该 MHB 偏序。用 $<$ 来表示 MHB,那么可以用关于 O 变量的约束 Φ_{mhb} 来表示 $<$ 关系。Φ_{mhb} 的基本构造步骤如下。

- 将 Φ_{mhb} 初始化为约束 true。
- 对于任何来自同一线程的事件 e_1 与 e_2,将 Φ_{mhb} 更新为 $\Phi_{\text{mhb}} \wedge O_{e_1} < O_{e_2}$。
- 当线程 t 中的事件 e_1 创建线程 t',且事件 e_2 为线程 t' 的第一个事件时,将 Φ_{mhb} 更新为 $\Phi_{\text{mhb}} \wedge O_{e_1} < O_{e_2}$。
- 当线程 t' 中的事件 e_2 等待线程 t 结束,且事件 e_1 为线程 t 的最后一个事件时,将 Φ_{mhb} 更新为 $\Phi_{\text{mhb}} \wedge O_{e_1} < O_{e_2}$。

2. 锁互斥约束Φ_{lock}

锁的语义要求由同一个锁保护的任何两个代码区域是互斥的。也就是说,被相同锁保护的两个代码区域之间不应该发生任何的线程交错调度。约束 Φ_{lock} 描述锁(lock)与解锁(unlock)事件之间执行顺序的约束关系。对于每个锁 l,遵循程序顺序执行的锁语义(同一个线程的解锁操作与该线程上相同锁最近的锁操作是对应的),提取关于锁 l 上的 lock/unlock 事件匹配对的集合 S_l。最后,定义约束 Φ_{lock} 为

$$\bigwedge_{(e_a,e_b),(e_c,e_d)\in S_l}(O_{e_b}<O_{e_c} \vee O_{e_d}<O_{e_a})$$

3. 数据有效性约束Φ_{rw}

为了保证某个事件 e 在期望执行中的可达性,MCM 要求在 e 之前必须发生的每个读事件 r 读取其在输入事件序列中读取的相同值。否则,e 可能因为事件 r 之后的某个条件而不可达。例如,如果在观察到的执行中,事件 r 读取值 42,那么在期望的新执行中,它也必须读取值 42。但是,它可以读取同一地址上的任何写入值,只要写入的值是 42。这就是数据有效性条件。

形式化地,用 $<_e$ 表示必须发生在事件 e 之前的事件集合。对于 $<_e$ 中的访问内存地址 x 并返回值 v 的读事件 r,设 W^x 表示执行序列中向内存地址 x 写入数据的写操作集合,W^x_v 表示 W^x 中写值 v 的写操作集合。那么事件 e 的数据有效性约束 $\Phi_{\text{rw}}(e)$ 被定义为 $\bigwedge_{r\in<_e}\Phi_{\text{value}}(r)$,其中 $\Phi_{\text{value}}(r)$ 表示为

$$\bigvee_{w \in W_v^x} (\Phi_{\mathrm{rw}}(w) \wedge O_w < O_r \wedge \bigwedge_{w \neq w' \in W^x} (O_{w'} < O_w \vee O_r < O_{w'}))$$

约束 $\Phi_{\mathrm{value}}(r)$ 保证事件 r 读取集合 W_v^x 中任意事件 w 写的值 v,且要求事件 w 早于事件 r,以及不存在其他介于 w 与 r 的任何写事件在内存地址 x 中写入不同于 v 的值。

值得注意的是,Φ_{rw} 是递归的。因为在 $\Phi_{\mathrm{value}}(r)$ 中,为了要求读事件 r 从写事件 w 中读值,w 必须是可达的,因此必须满足 $\Phi_{\mathrm{rw}}(w)$。

对于图 9-1 所示例子及给定输入 $(i=0, j=0)$,假设 MCR 遍历的第一个线程调度是 $\tau_1 = \{0\text{-}3, 9\text{-}11, 14\text{-}16\}$,则图 9-2(b)描述了 MCR 生成的 Φ_{mcm}(暂时忽略路径约束公式 Φ_{pc})。设 W_x^i 与 R_x^i 分别表示 i 行在内存地址 x 处写与读的值。因此,R_x^{11} 可能返回 W_x^1、W_x^9 与 W_x^{14} 写入的任何值。如果 R_x^{11} 返回 W_x^1,那么第 11 行必须在第 1 行之后执行,同时在第 1 行到第 11 行之间不存在其他对内存位置 x 的写操作。

最后,MCR 遍历 3 次执行,对应第 11 行中读事件返回 3 个不同事件分别在第 1 行、第 9 行与第 14 行所写入的值。然而,这 3 个执行都无法触发第 13 行的崩溃事件。为了触发该崩溃事件,MCR 需要一个正确的输入,例如 $i=3$,$j=2$。然而,即使在正确输入的引导下,实验发现 MCR 仍然需要遍历 85 次执行才能触发该错误。

9.2.3 最大路径因果关系概述

受 MCR 的启发,MPC 改进 MCR 并主要解决两个问题。首先,它扩展 MCR 以分析不同的程序输入。因此,MPC 不仅生成新的线程调度,同时还生成新的程序输入。其次,MPC 不仅可以标识冗余调度,还可以标识冗余输入以及调度与输入的冗余组合。这是一个重大的进步,因为线程调度+输入(SI)组合的空间比单独的输入空间或线程调度空间更呈爆炸式地快速增长,而两个交互空间之间通常存在显著的冗余。而且,该方法适用于广泛的内存模型(如 TSO 和 PSO)。在本书中,我们主要关注顺序一致性内存模型。

图 9-3 显示了 MPC 的架构,它会系统地探索程序中的所有可达路径。在运行时,MPC 执行动态调度和符号执行来探索新的程序路径。在离线分析阶段,它根据运行时观察到的执行信息生成约束条件,并通过求解约束条件生成新的 SI 组合来探索新的路径。利用 MCR,相对于传统的符号执行,MPC 的优势在于它不需要推理共享数据上的符号指针,因为在运行时可以获得共享数据访问的具体地址。

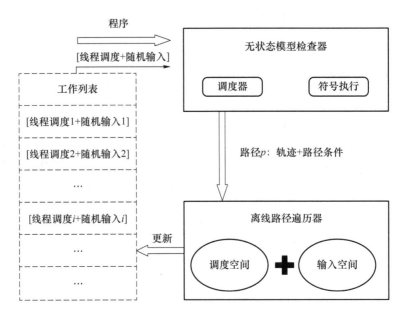

图 9-3 MPC 架构图

MPC 维护一个待检查 SI 工作列表，并将其初始化为一个随机的 SI 组合（一个空的线程调度和一个随机的程序输入），每次迭代生成的新 SI 组合将不断扩充该列表。在每次迭代中，调度器（Scheduler）消耗列表中的一个 SI 组合并用于指导下次具体执行，而具体执行伴随的符号执行用于收集路径条件。

离线路径遍历器（PathExplorer）根据之前观察到的执行路径，在调度空间和输入空间中发现未探索的路径或路径前缀。对于每条新标识的路径，MPC 生成一个相应的 SI 组合并添加到工作列表中，以供后续的路径探索。当工作列表为空且没有新的 SI 组合可以生成时，在给定的输入空间和线程调度空间中所有可达路径都已经被探索过，此时 MPC 可以停止。

图 9-4 展示了将 MPC 应用于图 9-2 中示例程序的过程。为了简化表示，直接将路径（而非相应的 SI 组合）添加到工作列表中。MPC 以输入（$i=0, j=0$）和一个空线程调度（可以是任意的线程调度）开始。假设在第一次执行中 MPC 探索路径 P0，其路径约束为 $i \neq 3 \wedge R_x^{11} \neq 101 \wedge j \leqslant 0$，该路径遍历了 3 个新分支（b3，b11，$b16_1$），且这 3 个分支都执行了各自的 False 分支（在图 9-4(a)中用 0 表示）。

接着，MPC 基于 P0 标识 7 个新的路径前缀 I1-I7，它们对应尚未探索的 b3、b11 和 $b16_1$ 的分支选择的不同组合。对于每个路径前缀，MPC 尝试基于约束求解的方法生成一个具体的 SI 组合，来驱动遵循给定路径前缀的执行。具体来说，MPC 使用 SMT 求解

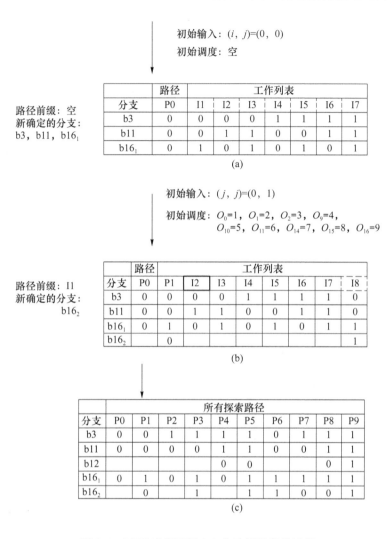

初始输入：$(i, j)=(0, 0)$

初始调度：空

路径前缀：空
新确定的分支：
b3, b11, b16₁

分支	路径 P0	工作列表 I1	I2	I3	I4	I5	I6	I7
b3	0	0	0	0	1	1	1	1
b11	0	0	1	1	0	0	1	1
b16₁	0	1	0	1	0	1	0	1

(a)

初始输入：$(j, j)=(0, 1)$

初始调度：$O_0=1$, $O_1=2$, $O_2=3$, $O_9=4$, $O_{10}=5$, $O_{11}=6$, $O_{14}=7$, $O_{15}=8$, $O_{16}=9$

路径前缀：I1
新确定的分支：
b16₂

分支	路径 P0	P1	工作列表 I2	I3	I4	I5	I6	I7	I8
b3	0	0	0	0	1	1	1	1	0
b11	0	0	1	1	0	0	1	1	0
b16₁	0	1	0	1	0	1	0	1	1
b16₂	0								1

(b)

分支	所有探索路径 P0	P1	P2	P3	P4	P5	P6	P7	P8	P9
b3	0	0	1	1	1	1	0	1	1	1
b11	0	0	0	0	1	1	0	0	1	1
b12				0	0				0	1
b16₁	0	1	0	1	0	1	1	1	1	1
b16₂		0		1		1	1	0	1	1

(c)

图 9-4 MPC 应用于图 9-2 中示例程序的过程

器(如求解器 Z3[17])求解公式 $\Phi_{mpc} \equiv \Phi_{sync} \wedge \Phi_{pc} \wedge \Phi_{dc}$,其中 Φ_{mpc} 是由 MPC 模型构建的约束,在后面的章节中对其进行详细描述。与 MCR 的 Φ_{mcm} 相比,Φ_{mpc} 是一种更松散的约束构建方式,它基于路径前缀(而非整个执行路径)上的读与写事件,构建路径条件 Φ_{pc} 和数据一致性约束 Φ_{dc}。

例如,对于包含 b3 与 b11 的 False 分支 b3 和 b16₁ 的 True 分支的 I1,路径约束 Φ_{pc} 为 $i \neq 3 \wedge R_x^{11} \neq 101 \wedge j > 0$,即 i 不等于 3,j 大于 0 且 x 在第 11 行处读取的值(R_x^{11})不等于 101。MPC 构造的约束如图 9-2(b)所示。MPC 约束 Φ_{mpc} 是路径条件约束 Φ_{pc}、同步约束 Φ_{sync} 和数据一致性约束 Φ_{dc} 的析取公式。Φ_{sync} 与 Φ_{mcm} 中的同步约束相同。数据一致性约束 Φ_{dc} 涉及 R_x^{11} 与 3 个对内存地址 x 的写：W_x^1、W_x^9、W_x^{14}。对于本例,Φ_{dc}(灰色显示区域部分)

类似于数据有效性约束 Φ_{rw}，除了它并不强制要求 3 个写入值，即 $W_x^1 = 2 \wedge W_x^9 = 5 \wedge W_x^{14} = 100$。

约束公式 Φ_{mpc} 的每个解对应一个 SI 组合。如图 9-4(b) 所示，该解会驱动 MPC 遍历一条新路径 P1，从而覆盖 $b16_2$ 的 False 分支。基于 P1，MPC 标识新的路径前缀 I8(扩充路径前缀 I1 为包含 $b16_2$ 的 True 分支)，并为其生产新的 SI 组合。

MPC 针对每个 SI 组合，重复前面的分析流程，直到工作列表为空。对于图 9-1 描述的示例程序，MPC 在分析 10 条执行路径后终止，其中包括图 9-4(c) 所示的崩溃路径 P9。

9.3 最大路径因果关系方法

9.3.1 基本定义

MPC 方法的核心概念是多线程程序的路径前缀。

定义 9-1(路径和路径前缀) 完整执行轨迹 τ 对应的路径 p 为 $p \equiv \{p(T_1), \cdots, p(T_N)\}$，其中 $p(T_i)$ 为线程 T_i 的执行路径。$p' \equiv \{p'(T_1), \cdots, p'(T_N)\}$ 是 p 的路径前缀，对于所有线程 $T_i(i=1, \cdots, N)$，$p'(T_i)$ 是 $p(T_i)$ 的前缀。因此，p' 可能是一条不完整路径，而且 $|p'(T_i)| \leqslant p(T_i)$，其中 $|p(T_i)|$ 表示 $p(T_i)$ 的长度。每条路径 p 也是它自己的路径前缀。

定义 9-2(路径包含) 设 PS(p) 表示具有相同路径前缀 p 的所有路径集合。对于两个路径前缀 p_1 和 p_2，当 PS(p_2)⊂PS(p_1) 时，我们称 p_1 包含 p_2(或者 p_2 被 p_1 包含)。

根据路径前缀的定义，可以将所有路径组织成一棵路径树，定义如下。

定义 9-3(路径树) 多线程程序的路径树是 Tree(N, E)，其中节点集合 N 表示路径前缀，边集合 E 表示节点之间的下列关系：

- 对于非叶节点 n，$\forall m \in \text{children}(n)$，$n$ 包含 m，即 PS(m)⊂PS(n)。
- 对于非叶节点 n，$\forall a, b \in \text{children}(n)$，PS($a$)∩PS($b$)=∅，其中 $a \neq b$。
- 对于非叶节点 n，$PS(n) = \bigcup_{\forall m \in \text{children}(n)} PS(m)$。

路径树的根节点表示所有路径，因为所有路径共享一个为空的路径前缀。每个叶节点表示一条具体路径或一个不可达路径前缀，每个非叶节点是一个可达路径前缀，该前缀包含一条或多条路径。例如，图 9-5 显示了图 9-1 中示例程序的路径树。它包含 3 个节点，根节点表示路径前缀 p_0:True，两个叶节点分别表示路径 $p_1: R_x^7 \geqslant 100$ 和 $p_2: R_x^7 < 100$。

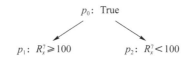

图 9-5　图 9-1 中示例程序的路径树

9.3.2　最大路径因果关系

MCM[207] 将多线程程序建模为(完全或者部分执行时产生的)有限路径轨迹的前缀封闭(prefix-closed)。一条路径轨迹(trace)被抽象为在具体执行中,在各线程中发生在并发对象上的事件序列,如对线程共享变量的读/写操作。需要注意的是,事件的值也是模型的一部分。如果一个事件的值(例如,读取返回的值)改变了,那么它将成为一个不同的事件,因此该事件之后的条件分支可能会产生不同的路径轨迹。

与 MCM 相比,MPC 的一个关键区别是 MPC 忽略了事件的值。为了确保事件的可行性,MPC 在路径轨迹中记录了每个线程的路径条件,因此 MPC 只要求满足事件的路径条件(而不像 MCM 那样要求数据有效性条件)。这种约束放松不仅显著提高了 MCM 的能力,而且降低了生成约束的复杂度。对于图 9-6 中的示例,假设输入路径轨迹遵循行序列 1-2-3,那么 1-3-2 和 3-1 两条轨迹在 MCM 中也是可行的。然而,轨迹 3-1-2 是不可达的,因为在 MCM 中第 2 行中事件的可达性要求在第 1 行的读事件返回与输入轨迹中一样的值(返回 0),但是在轨迹 3-1-2 中,它返回由第 3 行写入的值(值 1)。因此,为了触发断言违反,基于 MCM 的 MCR 必须发起一个沿着前缀路径 3-1 的新执行,该执行将探索轨迹 3-1-2。

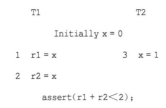

图 9-6　阐述最大路径因果关系的示例

然而,轨迹 3-1-2 在 MPC 中是可达的。因为在第 2 行事件的路径条件为真(因为没有分支),所以无论第 1 行事件读取的值是多少,第 2 行事件都是可达的。因此,MPC 可以直接发现本例中的断言违反,而不需要任何重新执行。

给定一条执行轨迹和每个线程对应的路径条件，MPC 的约束条件 Φ_{mpc} 描述轨迹中所有事件间的最大路径因果关系，它被定义为 $\Phi_{mpc} \equiv \Phi_{sync} \wedge \Phi_{pc} \wedge \Phi_{dc}$。路径约束 Φ_{pc} 中存在两类符号变量：程序输入以及共享变量的读。例如，在图 9-2 中的路径条件 $i \neq 3 \wedge R_x^{11} \neq 101 \wedge j \leqslant 0$ 中，i 和 j 为程序输入，R_x^{11} 为读取的符号值。第一种符号变量类型可以获得程序输入允许的任意值。第二种符号变量类型只能选择输入轨迹中写入的某些值，它受到数据一致性约束 Φ_{dc} 的约束。具体来说，对于一个读事件 r，设对相同内存地址上的所有写事件集合为 W，r 可能返回的值表示为 V_r，那么 r 的数据一致性约束被定义为

$$\Phi_{dc}(r) \equiv \bigvee_{\forall w_i \in W} (V_r = w_i \wedge O_{w_i} < O_r \bigwedge_{\forall w_j \neq w_i} (O_{w_j} < O_{w_i} \vee O_{w_j} > O_r))$$

约束 $\Phi_{dc}(r)$ 表示，如果读 r 返回写 w 所写的值，那么 w 的执行顺序 O_w 必须小于读 r 的执行顺序 O_r，并且两者之间没有其他对相同内存地址的写事件。而任何写事件 w 的值都可以是具体值或符号值（由符号输入值或符号读取值表示）。在最坏的情况下，$\Phi_{dc}(r)$ 的大小与整个路径轨迹的大小呈三次比例关系（与读事件的数量呈线性关系，与写操作的数量呈二次比例关系）。

与 MCM 的 Φ_{rw} 相比，MPC 的 Φ_{dc} 要简单得多，而且并不是递归的。二者主要有两个区别：首先，Φ_{dc} 只限定读事件可以返回的可能值，并不像 Φ_{rw} 那样限定它返回某个特定值；其次，Φ_{dc} 是在给定路径而非整个轨迹中的事件上构建的。由于路径条件约束 Φ_{pc} 保证了路径中所有事件的可达性，因此 Φ_{dc} 不需要如 Φ_{rw} 所要求的那样，对匹配的写操作进行可达性约束。

9.3.3 基本算法

我们的目标是有效地探索并发程序的路径树。算法 9-1 描述了 MPC 算法的总体流程。其基本思想是在 MPC 模型的基础上逐步构建路径树。工作列表（workList）中的每一项 $<si, prefix>$ 用于驱动程序沿着前缀路径 prefix 执行，其中 si 表示驱动本次执行的具体线程调度和程序输入组合（si 保证执行沿着前缀路径 prefix 执行）。

算法 9-1: The MPC Algorithm

---

1   $si \leftarrow$ 随机输入和空的线程调度;
2   $workList.add(si, True)$;
3   **while** $!workList.empty()$ **do**
4      $(si, prefix) \leftarrow workList.pop()$;
5      $\tau \leftarrow GuidedSE\ (si, prefix)$;
6      $list \leftarrow GenerateNewSI(\tau, prefix)$;
7      $workList.add(list)$;
8 **end**

算法 9-1   MPC 算法

首先,用一个空的路径前缀(路径树的根)、一个随机输入和一个空的线程调度初始化工作列表 workList。每次迭代(第 4~7 行)从 workList 中取出一个 SI 组合,并执行两个步骤:动态路径探索和静态路径前缀标识。第一步沿着由 SI 触发的具体执行,展开引导符号执行,并收集路径轨迹 τ 和路径约束条件。第二步中有两个重要的任务:①识别新的路径前缀(如未曾探索的分支);②为每个新的路径前缀生成新的 SI 组合。第一个任务对验证的可靠性至关重要,它极具挑战性。第二个任务是基于 MPC 模型的,接下来的章节会详细阐述相应的算法。

算法 9-2 描述了基于轨迹 τ 和路径前缀 prefix 生成新 SI 组合的算法。它首先根据 τ 和前缀 prefix 标识一组可能的新路径前缀集合 P。对于 P 中的每个新路径前缀 p,MPC 构造约束公式 $\Phi_{mpc}(p)$ 来生成相应的 SI(当路径 p 可达时,SI 必然存在)。$\Phi_{mpc}(p)$ 对应于路径前缀 p 的 MPC 约束,它只关注路径前缀 p 对应的 τ 的子轨迹中的事件。$\Phi_{mpc}(p)$ 的任何解都对应一个具体的线程调度和程序输入,该组合会驱动程序执行路径前缀 p。

算法 9-2: $\text{GenerateNewSI}(\tau, prefix)$

```
1  SI ← ∅;
2  P ← IdentifyNewPathPrefixes(τ, prefix);
3  for each p ∈ P do
4  │    τ' ← extractSubTrace(τ, p);
5  │    Φ_pc = PathConditionConstrains(p);
6  │    Φ_sync = SynchronizationConstraints(τ');
7  │    Φ_dc = DataConsistencyConstraints(τ');
8  │    Φ_mpc(p) = Φ_pc ∧ Φ_sync ∧ Φ_dc;
9  │    si ← solve(Φ_mpc(p));
10 │    if si ≠ null then
11 │    │    SI.add(si, p);
12 │    end
13 end
14 return SI;
```

算法 9-2 GenerateNewSI 算法

公式 $\Phi_{mpc}(p)$ 是可靠的,它只关注路径前缀 p 对应的 SI 组合的解空间。那些不在路径前缀 p 上的事件不会包含在 Φ_{dc} 和 Φ_{sync} 中。对于图 9-7 中的示例,为了遍历路径约束为 $R_y^1=1 \wedge R_x^3=2$ 的前缀 AB,不需要考虑第 2 行和第 4 行的写操作,因为它们在该路径前缀上不会被执行。

	T1		T2	
	Initially x = y = 0;			
1 **if**(y==1)	x = 1;	//**A**	3 **if**(x==2)	y = 2; //**B**
2 **else**	x = 2;		4 **else**	y = 1;

图 9-7 解释 $\Phi_{mpc}(p)$ 的示例程序

MPC 相对于 MCR 的另一个优势是，它生成约束的复杂性可以得到显著地降低。为了生成覆盖某事件的新调度，MCR 必须确保对该事件依赖的读事件（MCM 保守地认为必须是在该事件之前发生的所有事件）返回与输入轨迹中观察到的值相同的值。因此，MCR 通常包含大量的数据有效性约束，这就为约束求解带来了较大的负担。然而，MPC 有效地避免了这种低效的约束生成方法。

9.3.4 路径遍历

MPC 的关键挑战是如何系统地探索路径树，同时避免错过任何可达路径。本章首先描述一个高效且直观感觉可靠（但实际上可能会错过可达路径）的算法。在此基础上，本章进一步描述一种基于 MPC 公式的不可满足核心[208]的可靠路径遍历算法。

1. 策略 1：未遍历路径后缀组合

本节描述的第一个策略是组合未遍历的路径后缀（在新观察到的执行轨迹中标识）。这种并行程序路径探索方法是现有符号执行引擎（如 KLEE）探索顺序程序路径的自然延伸。例如，对于路径前缀 pre 驱动两个线程的执行轨迹 τ，假设 pre 在两个线程上分别沿着路径后缀 A 与 B 进行扩展，即新遍历的路径 p 为 pre$-$A$-$B（A 和 B 为具有两个分支选择的路径条件）。因此，通过组合不同的分支选择，可以标识 3 个新的可能的路径前缀：pre$-\overline{\text{A}}-$B，pre$-$A$-\overline{\text{B}}$，pre$-\overline{\text{A}}-\overline{\text{B}}$，其中 $\overline{X}$ 表示 X 的否定，即路径选择相应分支的反方向。

设 split(pre, p) 是指基于新探索的路径 p 和它的路径前缀 pre 得到的新路径前缀组合集合，设 suffix(pre, p, T_i)〔简称 suffix(T_i)〕表示线程 T_i 从 pre 到 p 的路径扩展。那么，split(pre, p) 包含由所有线程的 suffix(T_i) 及其分支取反组合生成的所有新路径前缀。对于每个单独的线程，suffix(T_i) 可能遍历多个新分支。例如，假设 suffix(T_i) = b1$-$b2$-$b3，那么 MPC 会标识 3 个新的路径前缀：$\overline{\text{b1}}$、b1$-\overline{\text{b2}}$ 和 b1$-$b2$-\overline{\text{b3}}$。注意，其他组合（如 $\overline{\text{b1}}-\overline{\text{b2}}-\overline{\text{b3}}$）是无效的，因为分支的执行依赖前面的分支选择。总而言之，split(pre, p) 包含 $\prod\limits_{i=1}^{N} |\text{suffix}(T_i)| + 1$ 个路径前缀，其中 N 为线程数，$|\text{suffix}(T_i)|$ 为 suffix(T_i) 中的分支数。

从表面上看，这种路径遍历策略似乎是合理的，因为它只对每个路径前缀组合进行一次探索。然而，它可能会错过某些可达路径，因此它并不是可靠的。考虑图 9-8（a）中的例子，它包含两个输入 i 和 j 以及一个共享变量 x。设 A、B 和 C 分别表示第 1 行、第 2

行和第 4 行的分支。假设遍历的第一条路径是 $p_0 = \{T_1:A, T_2:\overline{C}\}$，而第 1 行分支结果为 true($i>0$)，第 4 行分支结果为 false($R_x^4 \neq 2$)。此时，该策略会标识 3 个未遍历的路径前缀：$p_1 = \{T_1:A, T_2:C\}$、$p_2 = \{T_1:\overline{A}, T_2:\overline{C}\}$ 以及 $p_3 = \{T_1:\overline{A}, T_2:C\}$。其中，$p_1$ 和 p_3 都是不可达路径前缀（基于观察轨迹生成的约束判断），只有 p_2 是可达的。因此，路径前缀 p_2 会被进一步探索和遍历，进而产生路径 $p_4 = \{T_1:\overline{AB}, T_2:\overline{C}\}$。基于路径 p_4，新的路径前缀 $p_5 = \{T_1:\overline{AB}, T_2:\overline{C}\}$ 将被标识。

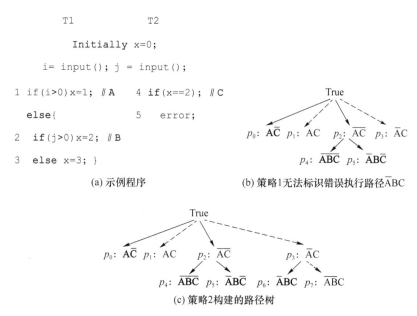

图 9-8 简单示例程序及不同策略下生成的路径树

由策略 1 构建的最终路径树如图 9-8(b)所示，它丢失了错误路径 $\overline{ABC}$。原因是策略 1 只依赖观察到的轨迹来确定路径前缀的可达性。然而，第一条路径轨迹 τ_1 只观察到第 1 行上的 True 分支，因此它并不包含任何 False 分支的信息，从而影响第 4 行的分支决策。

2. 策略 2：基于不可满足核心的线程独立遍历

策略 2 的关键思想是从过度包含（Overly-subsuming）路径前缀中区分出不可达路径前缀。例如，图 9-8(b)中的路径前缀 p_3 包含两条具体路径：一条不可达路径 $\{T_1:\overline{AB}, T_2:C\}$ 和一条可达路径 $\{T_1:\overline{AB}, T_2:C\}$（错误路径）。策略 2 通过独立扩展每个线程的方法来发现新的程序行为，进而拆分这些过度包含的路径前缀。过度包含的路径前缀定义如下。

定义 9-4　过度包含路径前缀(Overly-subsuming Path Prefix)　给定 N 个线程的执行轨迹 τ 及其对应的路径 p，设 $p(T_i)$ 表示沿线程 T_i 的路径前缀。对于路径前缀 pre，当下面两个条件同时满足时，$p' \in \mathrm{split}(\mathrm{pre}, p)$ 是一条过度包含路径前缀：

- 条件 1(C1)：$\Phi_{\mathrm{mpc}}(p')$ 是不可满足约束；

- 条件 2(C2)：存在线程集合 Tset，基于该集合可以构造一条可达路径前缀 p_{ext}，其中 $\mathrm{Tset} \subseteq \mathrm{Threads}(\mathrm{UC}(\Phi_{\mathrm{mpc}}(p')))$，对于每个 T_i，$p_{\mathrm{ext}}(T_i)$ 定义为

$$p_{\mathrm{ext}}(T_i) = \begin{cases} \mathrm{pre}(T_i), & T_i \in \mathrm{Tset} \\ p'(T_i), & \text{其他} \end{cases}$$

上述条件表明，p' 是一条过度包含路径前缀，当且仅当它基于轨迹 τ 是不可达的(满足条件 C1)，但是存在满足条件 C2 的可达路径 p_{ext}〔每个线程 T_i 遵循 $\mathrm{pre}(T_i)$ 或者 $p'(T_i)$〕。

策略 2 基于约束不可满足的根本原因(不可满足核心)来标识过度包容的路径前缀。公式 F 的不可满足核心是 F 中导致其不可满足性的子句集。例如，$\{x=1, y=1, x>2, y<0\}$ 是公式 $(x=1 \wedge y=1 \wedge x>2 \wedge y<0 \wedge z>0)$ 的一个不可满足核心。该核心并不包括条件 $z>0$，因为它并不影响该公式的可满足性。

首先，策略 2 为每个不可达路径前缀 p' 的公式 $\Phi_{\mathrm{mpc}}(p')$ 计算 UC，并将 UC 映射回线程集 $\mathrm{Threads}(\mathrm{UC}(\Phi_{p'}))$，该线程集包含所有为 UC 提供子句的线程。然后，它尝试探索路径前缀 p_{ext}，即沿着所有线程〔除 $\mathrm{Threads}(\mathrm{UC}(\Phi_{p'}))$ 外〕扩展前缀。

为了确保方法的可靠性，策略 2 必须考虑所有导致 $\Phi_{\mathrm{mpc}}(p')$ 不可满足的线程。如果没有 UC 的指导，就需要采用沿着所有可能的线程组合扩展路径前缀的方式来检查路径的可达性，然而这种方法可能会引入许多冗余路径遍历。因此，UC 的使用对策略 2 的可靠性和性能都非常重要。方法的具体实现可以首先考虑最大的 UC，因为它可以避免大多数线程被扩展，从而尽量避免不必要的冗余路径探索。当其失败时，我们需要继续考虑较小的 UC，以保证该方法的可靠性，直到其成功或者没有更多可标识的 UC。

对于图 9-8 中的示例，虽然不存在满足 $p_3 = \{T_1 : \overline{A}, T_2 : C\}$ 的 SI 组合，策略 2 发现 p_3 是一条过度包含的路径前缀。首先，它满足基本条件 C1，因为 p_3 基于 p_0 是不可满足的。其次，它也满足条件 C2，因为它可以生成一个 SI 组合来沿着路径前缀 $p_3(T_1) = \overline{A}$ 扩展 T_1。具体来说，在 p_3 因不可满足公式 $\Phi_{\mathrm{pc}} = \{i \leqslant 0 \wedge R_x^4 = 2\}$ 而被判定为不可达时，策略 2 展开如下对条件 C2 的检查。首先，它计算 $\mathrm{UC}(\Phi_{\mathrm{pc}})$，即 $R_x^4 = 2$。因此，对应的 Threads(UC) 为 $\{T_2\}$，即线程 T_2 导致了该公式的不满足性。然后，策略 2 构建 p_{ext} 的路径条件为 $p_3(T_1) \wedge \mathrm{True}(T_2)$。最后，策略 2 生成一个新的 SI 驱动程序执行路径 $p_{\mathrm{ext}} = \{T_1 :$

$\overline{AB}, T_2 : C\}$,它按照预期沿着 T_1 扩展前缀 $\overline{A}$。p_3 被分割成两个新的路径前缀:$p_6 = \{T_1 : \overline{AB}, T_2 : C\}$ 和 $p_7 = \{T_1 : \overline{AB}, T_2 : C\}$。此时,$p_6$ 是一条基于 p_{ext} 的可达路径前缀。因此,策略 2 成功地生成了一个新的 SI 组合,来触发前缀 p_6 的执行。图 9-8(c) 显示了策略 2 为示例构建的最终路径树,它总共探索了 4 条可达路径。

下面进行策略 2 的可靠性证明。

定理 9-1(可靠性) 如果求解器是可靠的(例如,对于可满足的约束公式,求解器总是返回一个正确的解),策略 2 将探索所有可达路径。

证明(反证法) 假设策略 2 遗漏了一条可达路径 p,那么只有两个可能的原因:第一,p 没有被标识;第二,p 被认为是不可达路径前缀,从而没有生成相应的 SI 组合来探索路径 p。第一个原因是不可能的,因为对于任何观察到的新路径,split(pre, p)包含的所有可能的路径前缀组合都会被标识。对于第二个原因,因为求解器是可靠的,那么 p 肯定不是过度包含路径前缀,即 p 违反了条件 C1 或条件 C2。如果 p 违反了 C1,则可以直接生成覆盖路径 p 的 SI 组合。如果 p 违反了 C2,那么策略 2 一定忽略了一种可以打破 UC 的方法。但是,策略 2 会考虑所有由 C2 中 Tset 引起的可能导致前缀不可达的根本原因。因此,当策略 2 不能进一步扩展 p 时,p 一定是不可达的,这与最初假设 p 是可达路径相矛盾。

9.3.5 并行的 MPC 算法

与其他难以并行化的状态空间探测技术[203]不同,MPC 算法可以很容易地被并行化。首先,可以并行化路径探索,因为它只依赖所提供的 SI 组合。其次,离线的路径标识也可以被并行化,因为它只依赖在观察到的执行中收集的轨迹信息。算法 9-3 描述了并行的 MPC 算法。对于每个 SI 组合和相应的路径前缀,Parallel-MPC 首先像顺序算法那样执行有引导的符号执行,然后调用 Parallel-GenerateNewSI 并行地生成新的 SI 组合和路径前缀。对于每个新的 SI 组合和路径前缀,它会启动并行的 Parallel-MPC 继续探索其他路径。

算法 9-3: Parallel-MPC(si, $prefix$)

1   $\tau \leftarrow GuidedSE\ (si, prefix)$;
2   $SI \leftarrow Parallel - GenerateNewSI(\tau, prefix)$:
3   $par - forall\ (si, p) \in SI$
4      $Parallel - MPC(si, p)$;

算法 9-3   Parallel-MPC(si, prefix)

9.4 方 法 评 估

检查基于 Pthread 的 C++程序的 MPC 工具可以基于 KLEE[10] 和 Z3[17] 实现。MPC 包含 3 个主要组件：一个应用程序级调度器、一个包含符号执行器的运行时轨迹跟踪程序和一个 SI 组合的离线生成器。调度器以 SI 为输入指导程序执行，并通过拦截对共享变量（包括锁和信号量）的关键事件来指导线程执行。基于 KLEE 实现的运行时轨迹跟踪程序沿着受控执行展开符号执行，以收集该执行的路径条件和轨迹信息，如对共享变量的读和写以及通过 Pthread 库调用进行的同步操作。当它完成一个新的执行时，离线生成器读取轨迹信息并构造约束。它调用 Z3 求解器标识新的未遍历的路径，并生成一个新的 SI 组合，用于触发进一步的迭代分析过程。对于并行化 MPC，当空闲的工作线程可用时，每个新生成的 SI 都会初始化一次新的路径探索迭代。

为了将 MPC 与其他相关技术进行比较，我们也实现了用于检查 C/C++程序的 MCR 工具（最初的 MCR[205] 是为 Java 程序实现的）。我们用 3 组实验展开对 MPC 的评价。所有的实验都是在一台四核 Linux 机器上进行的，机器配置为 2.7 GHz 的 Intel i5 CPU 和 8 GB 的 RAM。我们设置每个基准测试的超时时间为 1 h。

9.4.1 检测并行程序错误

本节首先评估 MPC 是否能标识一组较小的程序测试集和一个特别设计的第三方库基准测试（Racey[209]）中的并发错误。Racey 程序包含大量的竞争错误，常用于评估并发错误标识与错误重现技术。小的程序测试集包括图 9-2 中程序（设为 M_0）的 9 个变体（设为 $M_1 \sim M_9$），它们包含不同的线程数量。其中程序 M_i 包含 $i+3$ 个线程，包括原始线程（T1～T3）以及额外的 i 个线程（每个线程执行代码"{int k=input(); if(k==10) x++;}"）。此外，图 9-2(a)中第 11 行语句从"if(x==101)"更改为"if(x==i+101)"。随着线程数量的增多，触发第 13 行程序崩溃的概率会快速变小。为了保证程序终止，将 j 的最大值设为 2。

由于 MCR 无法处理不同程序输入，为了与 MCR 进行比较，本节描述了 3 种类型的实验。首先，在每次执行中为 MCR 提供一个随机输入。其次，向它提供一个固定但不正确的输入，即该输入不能触发错误。最后，为它提供一个固定的正确输入，其中 i 和 j 分别设为 3 和 2,其他输入设为 10。这保证了 MCR 将在特定的调度下触发错误。对于前两种类型的实验,结果证实 MCR 无法在超时前找到错误。事实上,当提供一个随机输入时,MCR 经常在运行时的调度阶段失败,因为线程调度是针对不同的输入计算的。接下来,我们主要讨论第三种实验中 MCR 的结果。

表 9-1 列出了 MCR 与 MPC 的对比实验结果。总体而言,采用可靠路径探索策略 (S2)的 MPC 分析结果始终优于 MCR,包括 MPC 可以标识更多的执行路径,并通过更少的执行发现更多的错误。在大多数情况下($M_3 \sim M_9$),即使提供了触发错误的输入,MCR 在运行超时前也无法发现错误。当 MPC 使用不可靠的路径遍历策略(S1)时,MPC 明显比使用策略 S2 快,但是它的不可靠性导致 MPC 无法发现程序中的并发错误。而 MPC 使用策略 S2 时,它成功标识所有错误(除了发生超时的 M_9 以外)。

表 9-1　标识 Racey 及 $M_0 \sim M_9$ 中的错误

基准	路径			时间			并行时间		加速	
	MCR	MPC-S1	MPC-S2	MCR	MPC-S1	MPC-S2	MPC-S1	MPC-S2	MPC-S1	MPC-S2
M_0	3/√	6/×	10/√	14.49s	0.31s	0.79s	0.26s	0.48s	1.19	1.65
M_1	3/√	12/×	16/√	2min13.33s	0.71s	1.55s	0.39s	0.77s	1.82	2.06
M_3	1/×	48/×	52/√	TO	2.98s	5.43s	1.64s	3.33s	1.82	2.14
M_5	1/×	192/×	196/√	TO	16.23s	38.11s	8.88s	20.37s	1.83	2.05
M_7	1/×	768/×	772/√	TO	1min30.28s	13min50.01s	50.66s	3min17.02s	1.78	2.65
M_9	1/×	3 072/×	2 462/×	TO	8min27.32s	TO	5min21.43s	22min42.17s	1.58	>2.64
Racey	315/√	315/√	315/√	18min52.51s	4min27.83s	7min29.65s	2min25.00s	3min23.00s	1.72	2.26

注:TO 表示超时,√(×)表示找到(找不到)错误。

对于分析程序 Racey,由于它包含大量竞争,因此通常在不同的运行中产生不同的输出。可以通过在程序末尾插入断言的方式来检查程序是否能够产生特定的输出。为了确保程序只有有限的状态,我们将每个线程中检查栅栏(barrier)状态的最大次数设置为 10。对于该程序的测试,所有方法都探索了相同数量的路径,但 MCR 和策略 S1 分别以最多和最少的执行次数结束。MCR 的分析时间最长,其中比策略 S1 长 4 倍,比策略 S2 长 2 倍。主要原因是,与 MPC 相比,MCR 会产生更多的约束(因此需要更多的时间求解约束),也需要更多次数的求解器调用(由于更多的执行)。

表 9-1 的第 8 列至第 11 列显示了并行化 MPC 的分析结果。与顺序 MPC 版本相比,并行 MPC 在四核机器上可以实现 3.3 倍的加速(当前的实现并没有得到充分的优化)。为了平衡并行性和资源消耗,路径分析及验证任务并不会被完全并行化。此外,任务的分区和线程调度也会引入额外的开销。

9.4.2　并发库的评估

接下来,我们在一系列真实的并发库上评估 MPC,包括 Dekker 的互斥算法 (Dekker)、基于 CAS 操作的自旋锁(Spinlock)、Linux 读写锁(Linuxrwlock)、Michael 和 Scott 无锁队列(MSQueue)和 Linux 顺序锁(Seqlock)。我们为每个并发库都编写了一个相应的驱动程序,从而可以方便配置它们的输入。为了与 MCR 比较,MCR 在实验中使用固定的正确输入。

表 9-2 总结了实际并行程序库的分析结果。总体而言,在所有测试程序上,MPC 的效率和有效性都明显优于 MCR。对于大多数测试程序,MCR 都会遍历许多冗余路径(重复探索相同的路径),因为它为不同状态生成线程调度,但多个状态可能触发相同的执行路径。在相同的超时设置下,用路径搜索策略 S2 时,MPC 在更短的时间内比 MCR 探索更多的执行路径(数量级差别)。

表 9-2　实际并行程序库的分析结果

程序	设置	路径		时间	
		MCR	MPC	MCR	MPC
Dekker1	$T=2, P=20$	729	929	2min12.34s	1min24.47s
Dekker2	$T=2, P=30$	2 623	2 970	12min52.34s	5min46.23s
Spinlock1	$T=2, K=5$	363	1 616	15min49.16s	11min33.60s
Spinlock2	$T=2, K=3$	375	1 795	20min53.72s	13min14.25s
Linuxrwlock	$T=2, K=5$	116	2 630	TO	TO
MSQueue	$T=2, K=5$	152	1 271	TO	22min16.39s
Seqlock	$T=3, K=3$	204	3 061	TO	TO

1. 自旋锁

实验中使用的自旋锁是基于比较-交换(CAS)指令实现的,它首先通过 CAS 获取一个锁,然后用一个存储指令释放锁。实验测试了两种不同的设置 $T=2, K=5$ 和 $T=3$, $K=3$,其中 T 是线程数,K 是尝试获取和释放锁的次数。对于 MCR,重复次数固定为 K,而 MPC 的重复次数受输入控制。尽管 MCR 在结果中执行的次数更少,但它比 MPC 识别的路径要少得多。这是因为 MPC 同时探索了输入空间和调度空间,而 MCR 只探索输入固定时的调度空间。

2. Linux 读写锁

读取-写入锁允许多个读或单个写持有该锁。这个测试程序是由 Linux 内核中的汇编实现转换而来的 C 程序。测试驱动程序运行两个线程,每个线程重复执行一个 trylock 操作,然后释放锁。MCR 遍历 578 个状态,但只有 116 条路径。MPC 的顺序实现版本在 1 h 超时结束时探索了 2 630 条路径。而 MPC 并行化实现版本在 34 min 内正常结束,并搜索了 2 834 条路径。

9.4.3 与工具 Con2Colic 的比较

Con2Colic 是一种结合具体执行和符号执行的并行程序测试工具,本节描述 MPC 与该工具的实验结果对比。Con2Colic 维护一个捕获线程间数据流的干扰场景列表,并通过枚举所有干扰场景候选(Interference Scenario Candidate,ISC)的方式,系统地探索程序分支。具体来说,当一个线程读取另一个线程生成的值时,就会发生干扰。因为一个不可行的 ISC 可能会在未来探索新的状态后变为可行的,Con2Colic 面临的一个挑战是需要存储当前发现的所有不可行的 ISC。它将所有的 ISC 存储在一个全局的干扰森林中。在探索新分支时,它会验证每个 ISC 的可行性。这导致了巨大的内存开销和不可行 ISC 的验证开销。与之不同的是,MPC 不需要记忆任何状态信息,只需通过约束求解跟踪路径前缀。此外,MPC 将路径条件约束和线程调度建模在一个统一的约束公式中,从而同时检查覆盖同一路径的所有 SI 组合。

表 9-3 对比了 Con2Colic 和 MPC 在同一组基准测试上的分析结果(从 ConCREST 工具[210]收集)。因为 Con2Colic 是不可并行化的,所以只能将它与顺序的 MPC 实现进行比较。列"K"和"♯Runs"分别标识 Con2Colic 探索的最大干扰数和执行次数。列"♯Paths"标识 MPC 遍历的路径数。"♯Runs"与"♯Paths"之间没有对应关系。因为 Con2Colic 是由不同的 ISC 而不是不同的路径驱动的,所以 Con2Colic 往往会遍历相同路径的多个不同执行。列"Success?"标识对应工具是否检测到程序中的已知错误。如果检测到错误,$\sqrt{}$ (x/y) 表示第一个错误是在第 x 个执行中发现的,第二个错误是在第 y 个执行中发现的,依此类推。列"Time"表示每个方法使用的总时间。

表 9-3　在实际程序分析中比较 MPC 与 Con2Colic

程序	Con2Colic				MPC		
	K	#Runs	Success?	总时间	#Paths	Success?	Time
aget	7	6	√(3)	23.60s	4	√(2)	13.00s
apache-a	15	411	√(17/18)	1min32.00s	1 364	√(6/37)	TO
apache-b	11	43	√(16)	3.24s	22	√(3)	1.60s
Bluetooth	1	11	√(7)	0.80s	36	√(3)	2.50s
ctrace1	1	5	√×(4)	0.75s	7	√(1/2)	3.10s
ctrace2	2	37	√(4/5)	TO	393	√(2/3)	2min23.00s
pfsan	—	—	×(OOM)	—	112	√(1/3)	3min39.00s
rbtree	—	—	—(crash)	—	1	—(no bug)	0.50s
sor	4	8	√(1/2/7)	0.80s	7	√(1/2/4)	1.20s
splay	17	34	—(no bug)	4.60s	13	—(no bug)	2.30s
art2	1	4	√(3)	0.60s	2	√(1)	0.50s
art3	2	6	√(4/5)	3.90s	3	√(1/2)	2.80s
art4	2	8	√(5/6/7)	14.70s	4	√(1/3/4)	17.50s
art5	2	10	√(6/7/8/9)	38.90s	5	√(1/3/4/5)	1min23.00s

　　总体来说,在验证方面,MPC 比 Con2Colic 更有效:MPC 比 Con2Colic 发现更多的错误,并且为了发现相同的错误,MPC 需要的执行次数更少。结果也表明,Con2Colic 是不可靠的。例如,它结束时并没有检测到 ctrace1 中的第二个错误,因为内存不足而错过了 pfscan 中的错误。虽然在 14 个案例中,有 6 个 MPC 的完成时间比 Con2Colic 长,但 MPC 总是探索比 Con2Colic 更多的路径。例如,对于 apache-a,MPC 探索了 1 364 条不同的路径,而 Con2Colic 最多探索 411 条路径。尽管 MPC 超时,但它比 Con2Colic 多分析遍历 953 条路径。这也解释了为什么 MPC 可以在 ctrace1 中找到第二个错误,而 Con2Colic 却不能。

　　为了进一步了解 MPC 和 Con2Colic 的性能,本节通过图 9-9 中的示例程序来量化比较它们之间的性能差异。该程序包含两个线程,每个线程包含一个 N 次循环,每次循环都会执行对共享变量 x 的读或者写。最后的程序断言只有在这种情况下才会崩溃:线程 T1 中第 4 行和第 5 行的每次执行都与线程 T2 中相同次数的循环迭代的第 9 行交错。

```
            T1                              T2

1   for(int i = 0;i<N;i++){     8   for(int i = 0;i<N;i++)

2       int tmp = x;            9       x++;

3       tmp = tmp + 1;

4       x = tmp;

5       if(x == tmp)

6           x = 0;


7   }                              assert(x!=2*N);
```

N	Con2Colic				MPC		
	K	#Runs	Success?	Time	#Paths	Success?	Time
1	2	5	√(5)	0.20s	4	√(2)	0.10s
2	3	12	√(12)	1.00s	6	√(3)	0.40s
3	5	123	√(123)	6min47.00s	10	√(4)	0.70s
4	4	462	×	TO	18	√(6)	1.60s
5	3	697	×	TO	34	√(22)	4.30s

图 9-9　在示例程序上比较 MPC 与 Con2Colic 的实验结果

对图 9-9 中程序的分析结果表明,MPC 比 Con2Colic 更有效。当 N 很小时(从 1 到 3),Con2Colic 和 MPC 都可以发现断言崩溃。然而,与 Con2Colic 相比,MPC 执行的次数和标识崩溃的时间要少得多。当 N 大于 3 时,Con2Colic 开始运行超时(超过 1 h),而 MPC 在几秒内就可以发现该程序崩溃。

本 章 小 结

本章介绍了一种有效的并行程序验证方法——MPC。MPC 是一种无状态模型检查技术,它同时分析程序的输入空间及线程调度空间,并有效减少在输入和调度空间之间存在的冗余分析。对其工具的评估表明,MPC 能显著提高分析的有效性,并在广泛使用的测试程序和真实的 C/ C++ 应用程序上获得了数量级的性能提升。

参 考 文 献

[1]　Allen F E. Control flowanalysis[J]. ACM Sigplan Notices, 1970, 5(7): 1-19.

[2]　King J. Symbolic execution and programtesting[J]. Communications of the ACM, 1976, 19(7), 385-394.

[3]　Clarke L A. A program testing system[C]//Proceedings of the 1976 annual conference, 1976: 488-491.

[4]　Dutertre B, De Moura L. The yices smt solver[J]. Tool paper at http://yices. csl. sri. com/tool-paper. pdf, 2006, 2(2): 1-2.

[5]　Eén N, Sörensson N. An extensible SAT-solver[C]//International conference on theory and applications of satisfiability testing. Springer, Berlin, Heidelberg, 2003: 502-518.

[6]　Zhang J, Wang X. A constraint solver and its application to path feasibilityanalysis[J]. International Journal of Software Engineering and Knowledge Engineering, 2001, 11(02): 139-156.

[7]　Sen K, Marinov D, Agha G. CUTE: a concolic unit testing engine for C[J]. ACM SIGSOFT Software Engineering Notes, 2005, 30(5): 263-272.

[8]　Cadar C, Sen K. Symbolic execution for software testing: three decades later[J]. Communications of the ACM, 2013, 56(2): 82-90.

[9]　Visser W, Geldenhuys J, Dwyer M B. Green: reducing, reusing and recycling constraints in program analysis[C]//Proceedings of the ACM SIGSOFT 20th International Symposium on the Foundations of Software Engineering, 2012: 1-11.

[10]　Cadar C, Dunbar D, Engler D R. Klee: unassisted and automatic generation of high-coverage tests for complex systems programs [C]//OSDI, 2008, 8:

209-224.

[11] Ciortea L，Zamfir C，Bucur S，et al. Cloud9：a software testing service[J]. ACM SIGOPS Operating Systems Review，2010，43(4)：5-10.

[12] Li G，Li P，Sawaya G，et al. GKLEE：concolic verification and test generation for GPUs[C]//Proceedings of the 17th ACM SIGPLAN symposium on Principles and Practice of Parallel Programming，2012：215-224.

[13] Sasnauskas R，Landsiedel O，Alizai M H，et al. KleeNet：discovering insidious interaction bugs in wireless sensor networks before deployment[C]//Proceedings of the 9th ACM/IEEE International Conference on Information Processing in Sensor Networks，2010：186-196.

[14] Li G，Ghosh I，Rajan S P. KLOVER：a symbolic execution and automatic test generation tool for C++ programs[C]//International Conference on Computer Aided Verification，Springer，Berlin，Heidelberg，2011：609-615.

[15] Lattner C，Adve V. LLVM：a compilation framework for lifelong program analysis & transformation[C]//International Symposium on Code Generation and Optimization，2004：75-86.

[16] Ganesh V，Dill D L. A decision procedure for bit-vectors and arrays[C]//International conference on computer aided verification，Springer，Berlin，Heidelberg，2007：519-531.

[17] Moura L，Bjørner N. Z3：an efficient SMT solver[C]//International conference on Tools and Algorithms for the Construction and Analysis of Systems，Springer，Berlin，Heidelberg，2008：337-340.

[18] Corina S Păsăreanu，Neha Rungta. Symbolic PathFinder：symbolic execution of Java bytecode[C]//Proceedings of the IEEE/ACM international conference on Automated software engineering（ASE'10）. Association for Computing Machinery，New York，NY，USA，2010：179-180.

[19] Java PathFinder Tool-set[EB/OL]. (2022-09-03)[2023-02-15]. https://github.com/javapathfinder.

[20] Godefroid P，Levin M Y，Molnar D A. Automated whitebox fuzz testing[C]// NDSS，2008，8：151-166.

[21] Sebastian P，Aurélien F. Symbolic execution with SYMCC：don't interpret，

compile! ［C］//Proceedings of the 29th USENIX Conference on Security Symposium，USENIX Association，USA，Article 11，2020：181-198.

[22] Rick Kranz. Toyota says software glitch in data boxes can give faulty speed readings ［EB/OL］. （2010-09-13）［2022-02-15］. https：//www. autoweek. com/news/ a1997656/toyota-says-software-glitch-data-boxes-can-give-faulty-speed-readings/.

[23] Michael Krigsman. London stock exchange （lse） system failure stops trading ［EB/OL］. （2007-11-07）［2023-02-15］. https：//www. zdnet. com/article/ london-stock-exchange-lse-system-failure-stops-trading/.

[24] Michael P Kassner. The rising cost of DDoS. ［EB/OL］. （2016-4-22）［2023-02-14］. https：//www. datacenterdynamics. com/en/analysis/the-rising-cost-of-ddos/.

[25] Software piracy costs billions in time，money for consumers and businesses［EB/OL］. （2013-05-06）［2023-02-14］. http：//news. microsoft. com/2013/03/06/ software-piracy-costs-billions-in-time-money-for-consumers-and-businesses/.

[26] Gregory Tassey. The economic impacts of inadequate infrastructure for software testing［EB/OL］. （2002-05-01）［2023-02-15］. https：//www. ecs. csun. edu/～ rlingard/COMP595VAV/InadequateInfrastructureSWTesting. pdf.

[27] Card D N，Glass R L. Measuring software design quality［M］. Prentice-Hall，Inc. ，1990.

[28] Liblit B，Aiken A，Zheng A X，et al. Bug isolation via remote program sampling ［J］. ACM Sigplan Notices，2003，38(5)：141-154.

[29] Ball T，Naik M，Rajamani S K. From symptom to cause：localizing errors in counterexample traces［C］//Proceedings of the 30th ACM SIGPLAN-SIGACT symposium on Principles of programming languages，2003：97-105.

[30] Renieres M，Reiss S P. Fault localization with nearest neighbor queries［C］// 18th IEEE International Conference on Automated Software Engineering，2003. Proceedings. IEEE，2003：30-39.

[31] Groce A，Chaki S，Kroening D，et al. Error explanation with distance metrics ［J］. International Journal on Software Tools for Technology Transfer，2006，8 (3)：229-247.

[32] Banerjee A，Roychoudhury A，Harlie J A，et al. Golden implementation driven

software debugging［C］//Proceedings of the eighteenth ACM SIGSOFT international symposium on Foundations of software engineering，2010：177-186.

[33] Howden W E. Symbolic testing and the DISSECT symbolic evaluation system [J]. IEEE Transactions on Software Engineering，1977（4）：266-278.

[34] Boyer R S，Elspas B，Levitt K N. SELECT—a formal system for testing and debugging programs by symbolic execution[J]. ACM SigPlan Notices，1975，10（6）：234-245.

[35] Godefroid P，Klarlund N，Sen K. DART：directed automated random testing ［C］//Proceedings of the 2005 ACM SIGPLAN conference on Programming language design and implementation，2005：213-223.

[36] Cadar C，Engler D. Execution generated test cases：how to make systems code crash itself[C]//International SPIN Workshop on Model Checking of Software，Springer，Berlin，Heidelberg，2005：2-23.

[37] Chipounov V，Kuznetsov V，Candea G. S2E：a platform for in-vivo multi-path analysis of software systems[J]. Acm Sigplan Notices，2011，46(3)：265-278.

[38] Samak M，Tripp O，Ramanathan M K. Directed synthesis of failing concurrent executions ［C］//Proceedings of the 2016 ACM SIGPLAN International Conference on Object-Oriented Programming，Systems，Languages，and Applications，2016：430-446.

[39] Godefroid P. Compositional dynamic test generation[C]//Proceedings of the 34th annual ACM SIGPLAN-SIGACT symposium on Principles of programming languages，2007：47-54.

[40] Godefroid P. Higher-order test generation[C]//Proceedings of the 32nd ACM SIGPLAN conference on Programming language design and implementation，2011：258-269.

[41] Anand S，Godefroid P，Tillmann N. Demand-driven compositional symbolic execution ［C］//International Conference on Tools and Algorithms for the Construction and Analysis of Systems，Springer，Berlin，Heidelberg，2008：367-381.

[42] Godefroid P，Nori A V，Rajamani S K，et al. Compositional may-must program analysis：unleashing the power of alternation［C］//Proceedings of the 37th

annual ACM SIGPLAN-SIGACT symposium on principles of programming languages，2010：43-56.

[43] Peter B，Cadar C，Engler D. RWset：attacking path explosion in constraint-based test generation[C]//In Proceedings of the Theory and Practice of Software，14th International Conference on Tools and Algorithms for the Construction and Analysis of Systems，Berlin，Heidelberg，2008：351-66.

[44] Godefroid P，Luchaup D. Automatic partial loop summarization in dynamic test generation[C]//Proceedings of the 2011 International Symposium on Software Testing and Analysis. 2011：23-33.

[45] Xie X，Chen B，Liu Y，et al. Proteus：computing disjunctive loop summary via path dependency analysis[C]//Proceedings of the 2016 24th ACM SIGSOFT International Symposium on Foundations of Software Engineering. Association for Computing Machinery，New York，NY，USA,2016：61-72.

[46] Craig W. Three uses of the Herbrand-Gentzen theorem in relating model theory and proof theory[J]. Symbolic Logic，1957，22(3)：269-285.

[47] McMillan K L. Lazy annotation for program testing and verification[C]//International Conference on Computer Aided Verification，Springer，Berlin，Heidelberg，2010：104-118.

[48] Jaffar J，Santosa A E，Voicu R. Efficient Memoization for Dynamic Programming with Ad-Hoc Constraints[C]//AAAI，2008，8：297-303.

[49] Yi Q，Yang Z,Guo S，et al. Postconditioned Symbolic Execution[C]//IEEE 8th International Conference on Software Testing，Verification and Validation，2015：1-10.

[50] Jaffar J，Santosa A E，Voicu R. An interpolation method for CLP traversal [C]//International Conference on Principles and Practice of Constraint Programming，Springer，Berlin，Heidelberg，2009：454-469.

[51] Chu D H,Jaffar J. A complete method for symmetry reduction in safety verification [C]//International Conference on Computer Aided Verification，Springer，Berlin，Heidelberg，2012：616-633.

[52] Anand S，Păsăreanu C S，Visser W. Symbolic execution with abstraction[J]. International Journal on Software Tools for Technology Transfer，2009，11(1)：

53-67.

[53] Majumdar R，Xu R G. Reducing test inputs using information partitions[C]// International Conference on Computer Aided Verification. Springer，Berlin， Heidelberg，2009：555-569.

[54] Qi D，Nguyen H D T，Roychoudhury A. Path exploration based on symbolic output[C]//Proceedings of the 19th ACM SIGSOFT symposium and the 13th European conference on Foundations of software engineering，2011：278-288.

[55] Wang H，Liu T，Guan X，et al. Dependence guided symbolic execution[J]. IEEE Transactions on Software Engineering，2016，43(3)：252-271.

[56] Engler D，Dunbar D. Under-constrained execution：making automatic code destruction easy and scalable[C]//Proceedings of the 2007 international symposium on Software testing and analysis，2007：1-4.

[57] Csallner C，Smaragdakis Y. Check 'n' crash：combining static checking and testing[C]//In Proceedings of the 27th international conference on Software engineering. Association for Computing Machinery，New York，NY，USA. 2005：422-431.

[58] Avgerinos T，Cha S K，Rebert A，et al. Automatic exploit generation[J]. Communications of the ACM，2014，57(2)：74-84.

[59] Saxena P，Poosankam P，McCamant S，et al. Loop-Extended Symbolic Execution on Binary Programs[C]//In Proceedings of the Eighteenth International Symposium on Software Testing and Analysis. New York，NY，USA：ACM. 2009：225-236.

[60] Kuznetsov V，Kinder J，Bucur S，et al. Efficient state merging in symbolic execution[J]. Acm Sigplan Notices，2012，47(6)：193-204.

[61] Trabish D，Mattavelli A，Rinetzky N，et al. Chopped symbolic execution[C]// In Proceedings of the 40th International Conference on Software Engineering. Association for Computing Machinery，New York，NY，USA. 2018：350-360.

[62] Weiser M. Programslicing[J]. IEEE Transactions on software engineering，1984 (4)：352-357.

[63] Shoshitaishvili Y，Wang R，Hauser C，et al. Firmalice-Automatic detection of authentication bypass vulnerabilities in binary firmware [C]//In Proceedings

of the 22nd Annual Network and Distributed System Security Symposium，2015．

[64] Inkumsah K，Xie T．Improving structural testing of object-oriented programs via integrating evolutionary testing and symbolic execution［C］//2008 23rd IEEE/ACM International Conference on Automated Software Engineering．IEEE，2008：297-306．

[65] Cha S K，Avgerinos T，Rebert A，et al．Unleashing Mayhem on Binary Code ［C］//IEEE Symposium on Security and Privacy，2012：380-394．

[66] Majumdar R，Sen K．Hybrid concolic testing［C］//29th International Conference on Software Engineering (ICSE'07)．IEEE，2007：416-426．

[67] Khoo Y P，Chang B E，Foster J S．Mixing type checking and symbolic execution ［C］//SIGPLAN Not．45，2010：436-447．

[68] Person S，Yang G，Rungta N，et al．Directed incremental symbolic execution ［J］．Acm Sigplan Notices，2011，46(6)：504-515．

[69] 王嘉捷，蒋凡，程绍银，等．软件演进驱动的按需自动测试［J］．中国科学技术大学学报，2010，40(5)：8．

[70] Godefroid P，Lahiri S K，Rubio-González C．Statically validating must summaries for incremental compositional dynamic test generation［C］//International Static Analysis Symposium．Springer，Berlin，Heidelberg，2011：112-128．

[71] Yang G，Person S，Rungta N，et al．Directed incremental symbolic execution ［J］．ACM Transactions on Software Engineering and Methodology (TOSEM)，2014，24(1)：1-42．

[72] Taneja K，Xie T，Tillmann N，et al．eXpress：guided path exploration for efficient regression test generation［C］//Proceedings of the 2011 International Symposium on Software Testing and Analysis．2011：1-11．

[73] 崔展齐，王林章，李宣东．一种目标制导的混合执行测试方法［J］．计算机学报，2011，34(6)：12．

[74] Yang G，Păsăreanu C S，Khurshid S．Memoized symbolic execution［C］//Proceedings of the 2012 International Symposium on Software Testing and Analysis，2012：144-154．

[75] Cadar C．Targeted program transformations for symbolic execution［C］//In Proceedings of the 2015 10th Joint Meeting on Foundations of Software Engineering．ACM，

2015: 906-909.

[76] Poeplau S, Francillon A. Systematic comparison of symbolic execution systems: intermediate representation and its generation[C]//In ACSAC, 2019: 163-176.

[77] Dong S, Olivo O, Zhang L, et al. Studying the influence of standard compiler optimizations on symbolic execution[C]//IEEE 26th International Symposium on Software Reliability Engineering, 2015: 205-215.

[78] Wagner J, Kuznetsov V, Candea G. Overify: optimizing programs for fast verification [C]//In Proceedings of the 14th USENIX conference on Hot Topics in Operating Systems. USENIX Association, USA, 2013: 18.

[79] Perry D M, Mattavelli A, Zhang X, et al. Accelerating array constraints in symbolic execution [C]//In Proceedings of the 26th ACM SIGSOFT International Symposium on Software Testing and Analysis. Association for Computing Machinery, New York, NY, USA, 2017: 68-78.

[80] Burnim J, Sen K. Heuristics for scalable dynamic test generation[C]//2008 23rd IEEE/ACM International Conference on Automated Software Engineering. IEEE, 2008: 443-446.

[81] Cadar C, Ganesh V, Pawlowski P M, et al. EXE: automatically generating inputs of death[J]. ACM Transactions on Information and System Security (TISSEC), 2008, 12(2): 1-38.

[82] Cha S, Oh H. Making symbolic execution promising by learning aggressive state-pruning strategy[C]//Proceedings of the 28th ACM Joint Meeting on European Software Engineering Conference and Symposium on the Foundations of Software Engineering, 2020: 147-158.

[83] Yu H, Chen Z, Zhang Y, et al. RGSE: a regular property guided symbolic executor for java[C]//Proceedings of the 2017 11th Joint Meeting on Foundations of Software Engineering, 2017: 954-958.

[84] Krishnamoorthy S, Hsiao M S, Lingappan L. Tackling the path explosion problem in symbolic execution-driven test generation for programs[C]//2010 19th IEEE Asian Test Symposium. IEEE, 2010: 59-64.

[85] Person S, Dwyer M B, Elbaum S, et al. Differential symbolic execution[C]// Proceedings of the 16th ACM SIGSOFT International Symposium on

Foundations of software engineering，2008：226-237.

[86] Palikareva H，Kuchta T，Cadar C. Shadow of a doubt：testing for divergences between software versions[C]//Proceedings of the 38th International Conference on Software Engineering，2016：1181-1192.

[87] Yi Q，Yang Z，Liu J，et al. A synergistic analysis method for explaining failed regression tests[C]//2015 IEEE/ACM 37th IEEE International Conference on Software Engineering. IEEE，2015：257-267.

[88] Binkley D W. Using semantic differencing to reduce the cost of regression testing [C]//ICSM，1992：41-50.

[89] Law J，Rothermel G. Whole program path-based dynamic impact analysis[C]// 25th International Conference on Software Engineering，2003. Proceedings. IEEE，2003：308-318.

[90] Rothermel G，Elbaum S，Malishevsky A G，et al. On test suite composition and cost-effective regression testing[J]. ACM Transactions on Software Engineering and Methodology（TOSEM），2004，13(3)：277-331.

[91] Santelices R，Chittimalli P K，Apiwattanapong T，et al. Test-suite augmentation for evolving software [C]//2008 23rd IEEE/ACM International Conference on Automated Software Engineering. IEEE，2008：218-227.

[92] Qi D，Roychoudhury A，Liang Z. Test generation to expose changes in evolving programs [C]//Proceedings of the IEEE/ACM international conference on Automated software engineering，2010：397-406.

[93] Babić D，Martignoni L，McCamant S，et al. Statically-directed dynamic automated test generation [C]//Proceedings of the 2011 International Symposium on Software Testing and Analysis，2011：12-22.

[94] Marinescu P D，Cadar C. High-coverage symbolic patch testing[C]//Model Checking Software：19th International Workshop，SPIN 2012，Oxford，UK，July 23-24，2012. Proceedings 19. Springer Berlin Heidelberg，2012：7-21.

[95] Böhme M，Oliveira B C S，Roychoudhury A. Regression tests to expose change interaction errors[C]//Proceedings of the 2013 9th Joint Meeting on Foundations of Software Engineering，2013：334-344.

[96] Beyer D，Löwe S，Novikov E，et al. Precision reuse for efficient regression verification

[C]//Proceedings of the 2013 9th Joint Meeting on Foundations of Software Engineering, 2013: 389-399.

[97] Marinescu P D, Cadar C. KATCH: high-coverage testing of software patches [C]//Proceedings of the 2013 9th Joint Meeting on Foundations of Software Engineering, 2013: 235-245.

[98] Yang G, Dwyer M B, Rothermel G. Regression model checking[C]//2009 IEEE International Conference on Software Maintenance. IEEE, 2009: 115-124.

[99] Le W, Pattison S D. Patch verification viamultiversion interprocedural control flow graphs[C]//Proceedings of the 36th International Conference on Software Engineering, 2014: 1047-1058.

[100] Guo S, Kusano M, Wang C. Conc-iSE: incremental symbolic execution of concurrent software[C]//Proceedings of the 31st IEEE/ACM International Conference on Automated Software Engineering, 2016: 531-542.

[101] Böhme M, Oliveira B C D S, Roychoudhury A. Partition-based regression verification[C]//2013 35th International Conference on Software Engineering (ICSE). IEEE, 2013: 302-311.

[102] Busse F, Nowack M, Cadar C. Running symbolic execution forever[C]// Proceedings of the 29th ACM SIGSOFT International Symposium on Software Testing and Analysis, 2020: 63-74.

[103] Yi Q, Yang Z, Guo S, et al. Eliminating path redundancy via postconditioned symbolic execution[J]. IEEE Transactions on Software Engineering, 2017, 44 (1): 25-43.

[104] Gyori A, Lahiri S K, Partush N. Refining interprocedural change-impact analysis using equivalence relations [C]//Proceedings of the 26th ACM SIGSOFT International Symposium on Software Testing and Analysis, 2017: 318-328.

[105] Bucur S, Ureche V, Zamfir C, et al. Parallel symbolic execution for automated real-world software testing [C]//Proceedings of the sixth conference on Computer systems, 2011: 183-198.

[106] Schnekenburger T, Friedrich M, Weininger A, et al. ParSim: a tool for the analysis of parallel and distributed programs [M]//Parallel Processing:

CONPAR 92-VAPP V. Springer，Berlin，Heidelberg，1992：689-700.

［107］ Staats M，Păsăreanu C. Parallel symbolic execution for structural test generation ［C］//Proceedings of the 19th international symposium on Software testing and analysis，2010：183-194.

［108］ Tip F. A survey of program slicing techniques［M］. Amsterdam：Centrum voor Wiskunde en Informatica，1994.

［109］ Weiser M. Programmers use slices when debugging[J]. Communications of the ACM，1982，25(7)：446-452.

［110］ Lyle R. Automatic program bug location by program slicing[C]//Proceedings 2nd international conference on computers and applications，1987：877-883.

［111］ Agrawal H，DeMillo R A，Spafford E H. Debugging with dynamic slicing and backtracking[J]. Software：Practice and Experience，1993，23(6)：589-616.

［112］ DeMillo R A，Pan H，Spafford E H. Critical slicing for software fault localization[J]. ACM SIGSOFT Software Engineering Notes，1996，21(3)：121-134.

［113］ Korel B. PELAS-program error-locating assistant system[J]. IEEE Transactions on Software Engineering，1988，14(9)：1253-1260.

［114］ Liu C，Zhang X，Han J，et al. Indexingnoncrashing failures：a dynamic program slicing-based approach[C]//2007 IEEE International Conference on Software Maintenance. IEEE，2007：455-464.

［115］ Zhang X，He H，Gupta N，et al. Experimental evaluation of using dynamic slices for fault location[C]//Proceedings of the sixth international symposium onAutomated analysis-driven debugging，2005：33-42.

［116］ Agrawal H，Horgan J R. Dynamic program slicing[J]. ACM SIGPlan Notices，1990，25(6)：246-256.

［117］ Korel B，Laski J. Dynamic program slicing[J]. Information Processing Letters，1988，29(3)：155-163.

［118］ Gyimóthy T，Beszédes A，Forgács I. An efficient relevant slicing method for debugging［C］//Software Engineering-ESEC/FSE＇99. Springer，Berlin，Heidelberg，1999：303-321.

［119］ Zhang X，Tallam S，Gupta N，et al. Towards locating execution omission errors[C]// Proceedings of the 28th ACM SIGPLAN Conference on Programming

Language Design and Implementation，2007：415-424.

[120]　Mao X，Lei Y，Dai Z，et al. Slice-based statistical fault localization[J]. Journal of Systems and Software，2014，89：51-62.

[121]　Lei Y，Mao X，Chen T Y. Backward-slice-based statistical fault localization without test oracles[C]//2013 13th International Conference on Quality Software. IEEE，2013：212-221.

[122]　Zeller A. Isolating cause-effect chains from computer programs[J]. ACM SIGSOFT Software Engineering Notes，2002，27(6)：1-10.

[123]　Cleve H，Zeller A. Locating causes of program failures[C]//Proceedings of the 27th International Conference on Software Engineering. ICSE 2005. IEEE，2005：342-351.

[124]　Rößler J，Fraser G，Zeller A，et al. Isolating failure causes through test case generation[C]//Proceedings of the 2012 international symposium on software testing and analysis，2012：309-319.

[125]　Gupta N，He H，Zhang X，et al. Locating faulty code using failure-inducing chops[C]//Proceedings of the 20th IEEE/ACM international Conference on Automated software engineering，2005：263-272.

[126]　Zhang X，Gupta N，Gupta R. Locating faults through automated predicate switching[C]//Proceedings of the 28th international conference on Software engineering，2006：272-281.

[127]　Wang T，Roychoudhury A. Automated path generation for software fault localization [C]//Proceedings of the 20th IEEE/ACM international Conference on Automated software engineering，2005：347-351.

[128]　Jose M，Majumdar R. Cause clue clauses：error localization using maximum satisfiability[J]. ACM SIGPLAN Notices，2011，46(6)：437-446.

[129]　Ermis E，Schäf M，Wies T. Error invariants[C]//International Symposium on Formal Methods. Springer，Berlin，Heidelberg，2012：187-201.

[130]　Christ J，Ermis E，Schäf M，et al. Flow-sensitive fault localization[C]// International Workshop on Verification，Model Checking，and Abstract Interpretation. Springer，Berlin，Heidelberg，2013：189-208.

[131]　Murali V，Sinha N，Torlak E，et al. What gives? A hybrid algorithm for error trace

explanation[C]//Working Conference on Verified Software: Theories, Tools, and Experiments. Springer, Cham, 2014: 270-286.

[132] Craig W. Three uses of the Herbrand-Gentzen theorem in relating model theory and proof theory[J]. The Journal of Symbolic Logic, 1957, 22(3): 269-285.

[133] Griesmayer A, Bloem R, Cook B. Repair of boolean programs with an application to C [C]//International Conference on Computer Aided Verification. Springer, Berlin, Heidelberg, 2006: 358-371.

[134] Balakrishnan G, Ganai M. PED: proof-guided error diagnosis by triangulation of program error causes[C]//2008 Sixth IEEE International Conference on Software Engineering and Formal Methods. IEEE, 2008: 268-278.

[135] Griesmayer A, Staber S, Bloem R. Automated fault localization for C programs [J]. Electronic Notes in Theoretical Computer Science, 2007, 174 (4): 95-111.

[136] Zeller A. Isolating cause-effect chains from computer programs[J]. ACM SIGSOFT Software Engineering Notes, 2002, 27(6): 1-10.

[137] Reps T, Ball T, Das M, et al. The use of program profiling for software maintenance with applications to the year 2000 problem [C]//Software Engineering—Esec/Fse'97. Springer, Berlin, Heidelberg, 1997: 432-449.

[138] Wong W E, Debroy V, Xu D. Towards better fault localization: a crosstab-based statistical approach[J]. IEEE Transactions on Systems, Man, and Cybernetics, Part C (Applications and Reviews), 2011, 42(3): 378-396.

[139] Wong W E, Qi Y. Effective program debugging based on execution slices and inter-block datadependency[J]. Journal of Systems and Software, 2006, 79 (7): 891-903.

[140] Harrold M J, Rothermel G, Sayre K, et al. An empirical investigation of the relationship between spectra differences and regression faults[J]. Software Testing, Verification and Reliability, 2000, 10(3): 171-194.

[141] Qi D, Roychoudhury A, Liang Z, et al. Darwin: an approach for debugging evolving programs[C]//Proceedings of the 7th joint meeting of the European software engineering conference and the ACM SIGSOFT symposium on The foundations of software engineering, 2009: 33-42.

[142] Tabaei Befrouei M，Wang C，Weissenbacher G. Abstraction and Mining of Traces to Explain Concurrency Bugs[C]//International Conference on Runtime Verification. Springer，Cham，2014：162-177.

[143] Groce A，Kroening D，Lerda F. Understanding counterexamples with explain [C]//International Conference on Computer Aided Verification. Springer，Berlin，Heidelberg，2004：453-456.

[144] Kim J，Park J，Lee E. A new hybrid algorithm for software fault localization [C]//Proceedings of the 9th International Conference on Ubiquitous Information Management and Communication，2015：1-8.

[145] Groce A，Visser W. What went wrong：explaining counterexamples[C]// International SPIN Workshop on Model Checking of Software. Springer，Berlin，Heidelberg，2003：121-136.

[146] Guo L，Roychoudhury A，Wang T. Accurately choosing execution runs for software fault localization [C]//International Conference on Compiler Construction. Springer，Berlin，Heidelberg，2006：80-95.

[147] Sahoo S K，Criswell J，Geigle C，et al. Using likely invariants for automated software fault localization[C]//Proceedings of the eighteenth international conference on Architectural support for programming languages and operating systems，2013：139-152.

[148] Jones J A，Harrold M J. Empirical evaluation of the tarantula automatic fault-localization technique[C]//Proceedings of the 20th IEEE/ACM international Conference on Automated software engineering，2005：273-282.

[149] Wong W E，Debroy V，Choi B. A family of code coverage-based heuristics for effective fault localization[J]. Journal of Systems and Software，2010，83(2)：188-208.

[150] Liblit B，Naik M，Zheng A X，et al. Scalable statistical bug isolation[J]. Acm Sigplan Notices，2005，40(6)：15-26.

[151] Liu C，Fei L，Yan X，et al. Statistical debugging：A hypothesis testing-based approach[J]. IEEE Transactions on software engineering，2006，32(10)：831-848.

[152] Ernst M D，Cockrell J，Griswold W G，et al. Dynamically discovering likely

program invariants to support program evolution[C]//Proceedings of the 21st international conference on Software engineering, 1999: 213-224.

[153] Dallmeier V, Lindig C, Zeller A. Lightweight defect localization for Java[C]// European conference on object-oriented programming. Springer, Berlin, Heidelberg, 2005: 528-550.

[154] Liu C, Yan X, Yu H, et al. Mining behavior graphs for "backtrace" of noncrashing bugs[C]//Proceedings of the 2005 SIAM international conference on data mining. Society for Industrial and Applied Mathematics, 2005: 286-297.

[155] Abreu R, Zoeteweij P, Golsteijn R, et al. A practical evaluation of spectrum-based fault localization[J]. Journal of Systems and Software, 2009, 82(11): 1780-1792.

[156] Abreu R, Zoeteweij P, Van Gemund A J C. An evaluation of similarity coefficients for software fault localization[C]//2006 12th Pacific Rim International Symposium on Dependable Computing (PRDC'06). IEEE, 2006: 39-46.

[157] Abreu R, Zoeteweij P, Van Gemund A J C. On the accuracy of spectrum-based fault localization[C]//Testing: Academic and industrial conference practice and research techniques-MUTATION (TAICPART-MUTATION 2007). IEEE, 2007: 89-98.

[158] Naish L, Lee H J, Ramamohanarao K. A model for spectra-based software diagnosis[J]. ACM Transactions on software engineering and methodology (TOSEM), 2011, 20(3): 1-32.

[159] Xie X, Chen T Y, Kuo F C, et al. A theoretical analysis of the risk evaluation formulas for spectrum-based fault localization[J]. ACM Transactions on Software Engineering and Methodology (TOSEM), 2013, 22(4): 1-40.

[160] Wong W E, Qi Y. BP neural network-based effective fault localization[J]. International Journal of Software Engineering and Knowledge Engineering, 2009, 19(04): 573-597.

[161] Brun Y, Ernst M D. Finding latent code errors via machine learning over program executions [C]//Proceedings. 26th International Conference on Software Engineering. IEEE, 2004: 480-490.

[162] Ascari L C, Araki L Y, Pozo A R T, et al. Exploring machine learning techniques for fault localization [C]//2009 10th Latin American Test Workshop. IEEE, 2009: 1-6.

[163] Nessa S, Abedin M, Wong W E, et al. Software fault localization using n-gram analysis[C]//International Conference on Wireless Algorithms, Systems, and Applications. Springer, Berlin, Heidelberg, 2008: 548-559.

[164] Wong W E, Shi Y, Qi Y, et al. Using an RBF neural network to locate program bugs[C]//2008 19th International Symposium on Software Reliability Engineering (ISSRE). IEEE, 2008: 27-36.

[165] Briand L C, Labiche Y, Liu X. Using machine learning to support debugging with tarantula[C]//The 18th IEEE International Symposium on Software Reliability (ISSRE07). IEEE, 2007: 137-146.

[166] Zeller A. Yesterday, my program worked. Today, it does not. Why? [J]. ACM SIGSOFT Software engineering notes, 1999, 24(6): 253-267.

[167] Zeller A, Hildebrandt R. Simplifying and isolating failure-inducinginput[J]. IEEE Transactions on Software Engineering, 2002, 28(2): 183-200.

[168] Yu K, Lin M, Chen J, et al. Practical isolation of failure-inducing changes for debugging regression faults [C]//Proceedings of the 27th IEEE/ACM International Conference on Automated Software Engineering, 2012: 20-29.

[169] Yu K, Lin M, Chen J, et al. Towards automated debugging in software evolution: Evaluating delta debugging on real regression bugs from the developers'perspectives[J]. Journal of Systems and Software, 2012, 85(10): 2305-2317.

[170] Yu K. Improving failure-inducing changes identification using coverage analysis [C]//2012 34th International Conference on Software Engineering (ICSE). IEEE, 2012: 1604-1606.

[171] Sumner W N, Zhang X. Comparative causality: explaining the differences between executions [C]//2013 35th International Conference on Software Engineering (ICSE). IEEE, 2013: 272-281.

[172] Misherghi G, Su Z. HDD: hierarchical delta debugging[C]//Proceedings of the 28th international conference on Software engineering, 2006: 142-151.

[173] Mariani L, Pastore F. Automated identification of failure causes in system logs [C]//2008 19th International Symposium on Software Reliability Engineering (ISSRE). IEEE, 2008: 117-126.

[174] Pastore F, Mariani L, Goffi A, et al. Dynamic analysis of upgrades in C/C++ software [C]//2012 IEEE 23rd International Symposium on Software Reliability Engineering. IEEE, 2012: 91-100.

[175] Pastore F, Mariani L, Goffi A. RADAR: a tool for debugging regression problems in C/C++ software[C]//2013 35th International Conference on Software Engineering (ICSE). IEEE, 2013: 1335-1338.

[176] Dijkstra E W, Dijkstra E W, Dijkstra E W, et al. A discipline of programming [M]. Englewood Cliffs: prentice-hall, 1976.

[177] Lattner C A. LLVM: an infrastructure for multi-stage optimization[D]. University of Illinois at Urbana-Champaign, 2002.

[178] Yices: an smt solver[EB/OL]. (2022-6-16) [2023-02-14]. https://yices.csl. sri. com/.

[179] Clarke L A. A system to generate test data and symbolically execute programs [J]. IEEE Transactions on software engineering, 1976 (3): 215-222.

[180] Ge X, Taneja K, Xie T, et al. DyTa: dynamic symbolic execution guided with static verification results[C]//Proceedings of the 33rd International Conference on Software Engineering, 2011: 992-994.

[181] Cui H, Hu G, Wu J, et al. Verifying systems rules using rule-directed symbolicexecution[J]. ACM SIGPLAN Notices, 2013, 48(4): 329-342.

[182] Siddiqui J H, Khurshid S. Scaling symbolic execution using ranged analysis[J]. ACM Sigplan Notices, 2012, 47(10): 523-536.

[183] Qiu R, Yang G, Pasareanu C S, et al. Compositional symbolic execution with memoized replay[C]//2015 IEEE/ACM 37th IEEE International Conference on Software Engineering. IEEE, 2015, 1: 632-642.

[184] Qiu R, Khurshid S, Păsăreanu C S, et al. Using test ranges to improve symbolic execution [C]//NASA Formal Methods: 10th International Symposium, NFM 2018, Newport News, VA, USA, April 17-19, 2018, Proceedings 10. Springer International Publishing, 2018: 416-434.

[185] Yang G，Filieri A，Borges M，et al. Advances in symbolic execution[J]. Advances in Computers，2019，113：225-287.

[186] Kapus T，Busse F，Cadar C. Pending constraints in symbolic execution for better exploration and seeding[C]//Proceedings of the 35th IEEE/ACM International Conference on Automated Software Engineering，2020：115-126.

[187] Kapus T，Busse F，Cadar C. Pending constraints in symbolic execution for better exploration and seeding[C]//Proceedings of the 35th IEEE/ACM International Conference on Automated Software Engineering，2020：115-126.

[188] Graves T L，Harrold M J，Kim J M，et al. An empirical study of regression test selection techniques[J]. ACM Transactions on Software Engineering and Methodology (TOSEM)，2001，10(2)：184-208.

[189] Xu Z. Directed test suite augmentation[C]//Proceedings of the 33rd International Conference on Software Engineering，2011：1110-1113.

[190] Do H，Elbaum S，Rothermel G. Supporting controlled experimentation with testing techniques：an infrastructure and its potential impact[J]. Empirical Software Engineering，2005，10(4)：405-435.

[191] Coreutils - GNU core utilities[EB/OL]. (2020-12-23)[2023-02-14]. http://www.gnu.org/software/coreutils/.

[192] Sui Y，Xue J. SVF：interprocedural static value-flow analysis in LLVM[C]//Proceedings of the 25th international conference on compiler construction，2016：265-266.

[193] Mutate＋＋ - A C＋＋ Mutation Test Environment[EB/OL]. (2022-5-8)[2023-02-14]. https://github.com/nlohmann/mutate_cpp.

[194] Just R，Jalali D，Inozemtseva L，et al. Are mutants a valid substitute for real faults in software testing? [C]//Proceedings of the 22nd ACM SIGSOFT International Symposium on Foundations of Software Engineering，2014：654-665.

[195] Andrews J H，Briand L C，Labiche Y. Is mutation an appropriate tool for testing experiments? [C]//Proceedings of the 27th international conference on Software engineering，2005：402-411.

[196] Papadakis M，Shin D，Yoo S，et al. Are mutation scores correlated with real

fault detection? a large scale empirical study on the relationship between mutants and real faults[C]//Proceedings of the 40th International Conference on Software Engineering, 2018: 537-548.

[197] Park S, Vuduc R W, Harrold M J. Falcon: fault localization in concurrent programs[C]//Proceedings of the 32nd ACM/IEEE International Conference on Software Engineering-Volume 1, 2010: 245-254.

[198] Zhang L, Malik S. Validating SAT solvers using an independent resolution-based checker: Practical implementations and other applications[C]//2003 Design, Automation and Test in Europe Conference and Exhibition. IEEE, 2003: 880-885.

[199] Lynce I, Marques-Silva J P. On computing minimum unsatisfiable cores [J]. 2004.

[200] Busybox[EB/OL]. (2023-01-03)[2023-02-15]. http://busybox.net/.

[201] Jose M, Majumdar R. Bug-Assist: assisting fault localization in ANSI-C programs [C]//International conference on computer aided verification. Springer, Berlin, Heidelberg, 2011: 504-509.

[202] Clarke E M, Grumberg O, Minea M, et al. State space reduction using partial order techniques[J]. International Journal on Software Tools for Technology Transfer, 1999, 2(3): 279-287.

[203] Flanagan C, Godefroid P. Dynamic partial-order reduction for model checking software[J]. ACM Sigplan Notices, 2005, 40(1): 110-121.

[204] Abdulla P, Aronis S, Jonsson B, et al. Optimal dynamic partial order reduction [J]. ACM SIGPLAN Notices, 2014, 49(1): 373-384.

[205] Huang J. Stateless model checking concurrent programs with maximal causality reduction[J]. ACM SIGPLAN Notices, 2015, 50(6): 165-174.

[206] Huang S, Huang J. Maximal causality reduction for TSO andPSO[J]. ACM SIGPLAN Notices, 2016, 51(10): 447-461.

[207] Huang J, Meredith P O N, Rosu G. Maximal sound predictive race detection with control flow abstraction[C]//Proceedings of the 35th ACM SIGPLAN conference on programming language design and implementation, 2014: 337-348.

［208］ Cimatti A，Griggio A，Sebastiani R. Computing small unsatisfiable cores in satisfiability modulo theories［J］. Journal of Artificial Intelligence Research，2011，40：701-728.

［209］ Xu M，Bodik R，Hill M D. A"flight data recorder" for enabling full-system multiprocessor deterministic replay［C］//Proceedings of the 30th annual international symposium on Computer architecture，2003：122-135.

［210］ ConCREST［EB/OL］.（2017-5）［2023-02-14］. http://forsyte. at/software/concrest/.